U0316344

中国名砚

苴却砚

苏良国◎编著

湖南美术出版社

图书在版编目（CIP）数据

中国名砚·苴却砚 / 苏良国编著. —长沙：湖南美术出版社，2012.11

ISBN 978-7-5356-5949-1

Ⅰ.①中… Ⅱ.①苏… Ⅲ.①石砚—介绍—中国 Ⅳ.①TS951.28

中国版本图书馆CIP数据核字(2012)第307241号

从书顾问：蔡鸿茹　天津艺术博物馆研究员
　　　　　张淑芬　故宫博物院研究员
　　　　　阎家宪　中国收藏家协会文房之宝委员会顾问
　　　　　刘演良　中国端砚鉴定委员会专家
　　　　　金　彤　中国砚研究会会长
　　　　　胡中泰　中国文房四宝协会高级顾问、歙砚协会会长
总 策 划：郭　兵
扉页题字：刘演良

中国名砚 · 苴却砚

出 版 人：李小山
编　 著：苏良国
责任编辑：李　坚　杜作波
责任校对：徐　晶
封面设计：麟子工作室
　　　　　xizn design Tel:15874986363
装帧设计：北京意创文化
出版发行：湖南美术出版社
　　　　　（长沙市东二环一段622号）
经　 销：湖南省新华书店
制　 版：嘉伟文化
　　　　　JARL V CULTURE
印　 刷：长沙湘城印刷有限公司
　　　　　（长沙市开福区伍家岭新码头95号）
开　 本：787×1092　1/16
印　 张：11
版　 次：2013年1月第1版
　　　　　2013年1月第1次印刷
书　 号：ISBN 978-7-5356-5949-1
定　 价：78.00元

邮购联系：0731-84787105
邮　 编：410016
网　 址：http://www.arts-press.com/
电子邮箱：market@arts-press.com
如有倒装、破损、少页等印装质量问题，请与印刷厂联系调换。
联系电话：0731-84763767

总　序

中华文明，源远流长。东方历史文化，博大精深，世界闻名，不知曾吸引了多少古今中外的追慕者、崇拜者和各类文化爱好者为之痴迷、为之探索、为之研究。"文房四宝"是东方传统历史文化得以传播、延续和发扬的重要工具。

"文房四宝"不仅作为文房用具，还创造和演绎了东方文化中特有的书法和绘画艺术，还为我国书法绘画艺术领域造就了无以数计的书法家和画家，重要的是它们所承载的传承文明、延续文化的历史使命，在人类文明的发展史上起到了极其重要的作用。更为重要的是，它们所凝聚的我国几千年的文化精髓、蕴藏着的极其丰富的历史文化内涵，使灿烂的中华文明和自豪的民族精神紧紧地融为一体，凝结成为我们华夏子孙骄傲的灵魂和信心。

而砚则是骄傲的关键所在。在"文房四宝"之中，砚的历史最为悠久。砚在中华文明五千年的历史长河中有着重要的历史地位。悠悠五千年，砚几与华夏文明同生。自砚诞生以来，人类便跨入了文明的世界，可以说，砚就是人类文明进步的象征。自此以后，在我们中华大地上，《诗经》、《离骚》、《春秋》、《史记》以及大量的唐诗宋词、词曲歌赋等等千古绝唱便不绝于耳；自此，便有了颜欧柳赵，便有了《兰亭序》、《祭侄文稿》、《肚痛帖》、《鸭头丸帖》以及真草隶篆等书法艺术翰墨飘香；还有那《洛神赋》、《八十七神仙卷》、《五牛图》、《溪山行旅图》、《清明上河图》等惊世卷轴一一展开。砚的诞生，使中华文明沐浴着文明的朝晖，逐渐步入了宽广、宏博、繁茂的大千世界。

然而，随着人类文明的进步和社会、科技的发展，传统"文房四宝"的书写工具已不能满足今天人们日益快捷的生活和工作的需要，电脑、键盘、鼠标已成为今天书桌上无可争辩的"霸主"，书写方式的改变，致使这些传统文房工具的使用概率越来越小，我们今天姑且不论毛笔是否还有人会使用，而事实上，那些80后，甚至是70后的人都未必能将砚台的名称、功能和使用方法讲述清楚，甚至连"四大名砚"都说不全，就连钢笔类的硬笔，使用者也是越来越少，更不用说能写一手漂亮的毛笔字！这似乎有些悲哀。

当改革的春风吹起，大地复苏，春意盎然，祖国各地百业俱兴。二十余年来，随着改革开放的不断深入，我国经济持续发展，文化繁荣，科技进步，国力不断增强，国民生活水平不断提高。在我国经济逐渐强盛的今天，文化繁荣之花也满园芬芳。在国家重振传统民族文化政策的大前提下，人们不但对物质文明的需求有了更多的选择，对精神文明的需求也发生了许多变化。收藏逐渐走入人们的视野。然而自上世纪80年代起，瓷器、玉器、书画、佛像都先后成为炙手可热的收藏项目，并在国内外各大拍卖会上屡创新高，而集历史、文化、艺术、实用、观赏、收藏于一体的砚台却并未引起人们的重视。这是有多方面原因的。一是因东西方文化的差异，西方文化并未真正认识到传统砚文化的魅力和内涵，对其价值的认识尚有距离。其二，国内外各大拍卖会多以国外收藏趋向为拍卖风向标，虽说拍卖品多有我国传统文化种类，但大多亦是利之所趋。三是受国外经济、文化环境的影响，国内市场对砚文化的认识和推广不足。谈到此处，我想重申的是，一方面我们无须特意去迎合国外消费市场的"口味"，另一方面任何事物都不可能在脱离市场的前提下得到健康发展，况且在今天现代化书写工具的"围攻"之下，淡出人们视野已经很久的传统砚文化更是艰难！

好在历史是过去的今天，不可忘记。今天，在我们中华大地上，随着传统文化的复兴，许多遥远的记忆又重新回到了人们的面前。加之我国历来就是一个礼仪之邦，文明的国度，传统文化的底蕴早已根深蒂固。也正因如此，那些曾被记忆遗忘的传统，在新时代的文化理念中又很快地被"催醒"了。砚作为其中之一，也就自然而然地又逐渐为人们视若拱璧，珍而藏之起来。

今天是昨天的继续，为了延续传统砚文化，我们更应珍惜今天。不能刻意去追逐市场的需要，唯有继承、发扬和传播。

《中国名砚》系列丛书的出版是砚文化传播的具体表现之一。

我们知道，我国制造砚台的历史久远。自远古时期"研"的发明，春秋时期基本成型，至汉代废弃研石后，"研"便自成一体成为真正意义上的砚，石砚的使用继而逐渐得以普及和规范。从此，砚便演化成一个材质众多、形制各异的庞大家族。经魏晋至唐宋，砚台的发展达到了一个辉煌、鼎盛的时期，形成了以山东青州的红丝砚、广东肇庆的端砚、安徽歙砚、甘肃洮河砚"四大名砚"为主流的局面。明清时期，砚台的制作更加讲求石质，并雕刻花纹，造型式样等日渐丰富，装潢考究、华丽美观，其工艺价值日趋凸显，成为集雕塑、书法、绘画、篆刻于一体的古代精美的艺术品，成为上至皇宫、下至达官贵人乃至文人雅士钟爱的收藏品，如此便将砚的发展推向了新的高峰。这一时期，青州红丝砚因石材枯竭、百无一求而淡出，继而由山西绛州的澄泥砚，与端、歙、洮砚，一并形成我国"四大名砚"新体系，并延至当今。

当然，中国传统制砚的材料远非"四大名砚"数种，在砚台发展史上，也曾经出现了像红丝砚石等一样上乘的名贵石种。为了多方面了解我国传统的砚文化，《中国名砚》系列丛书汇集我国众多名砚编撰成册。

悉阅书稿后，我认为《中国名砚》有以下几个特点：

1.收录全。收录包括我国"四大名砚"，以及曾经为"四大名砚"之首的红丝砚，且均单独成册，为我国出版史上首次将"四大名砚"集中出版的图书项目。

2.规模大。该系列包括"四大名砚"、红丝砚及地方名砚各种名砚100余个品种，是我国目前关于砚台文化出版物中收录名砚最为齐备的图书出版项目。

3.信息量大。几乎涵盖了我国各种名砚的相关信息。除传统"四大名砚"的历史沿革、各时代造型变化、雕琢风格、石质石品等以外，还包括100种地方名砚的实物照片及相关信息。其中尤以各砚种的石品、石色、石纹、雕刻艺术最为全面，为所见此类图书中仅有。

4.原创性强。各分册项目均由当今著名砚台收藏家、砚雕艺术家以及国家级、省级工艺美术大师担纲撰写。其中未公开发表的图片占图片总量的90%以上。

5.实用性强。阅读本套丛书，不但能使读者对我国传统砚文化有一个全面的了解，还可以通过本书中的内容对相关砚石进行辨识，进入收藏领域，具有一定的指导意义。

6.知识面广。提供了同类图书仅有或少有的知识点，具有很强的可读性，目前市面上尚无系统、全面介绍中国名砚的图书，具有良好的市场前景。

7.体例科学严谨，行文通俗易懂。

除上述共性外，个别著作更具有鲜明的个性。如关键同志所作的《地方砚》，收录了当今市面上的100个地方砚种，并对其出处、特性和石品均一一作了详细的阐述。收集这些资料已属不易，收集到这些地方砚种的实物照片更属不易，而能将这些砚种实物收于金匮之中，其难度之大可想而知！《洮砚》也是一本不错的专著。书中详细地解说了洮砚一些不为人知的故事和典故，虽不能作为佐证的真正依据，但也算为洮砚发展流变的过程画一个较为合理的轮廓。另外书中所列的石品、膘皮、石色等与洮砚相关的基础知识也很全面，可读性较强。《红丝砚》是迄今所见著作中观点最为客观、公正的一部。论据考证翔实、语言精练，值得推广。《澄泥砚》也是一部不错的著作，作者蔺涛不但能烧出驰名中外的绛州澄泥砚，而且能够站在更高的位置，将我国现在所生产的其他兄弟澄泥砚种也汇入本书之中，胸怀宽广，令人钦佩。关于端砚的著述所见颇多，而柳新祥所著的这本《端砚》更有新意，不但为读者详细地阐述了端石形成的原因，还将历史上曾经提及的端砚石品一一提供给了大家。论述观点结构稳健，文字语言流畅，砚作形色俱佳，具有较高的艺术水准。《歙砚》语言也很简练，文字论述较少，但为我们广大读者呈现了当今最具有传统砚雕艺术风格的大量砚雕精品，使我们读者从中可以学到很多有益的知识。

　　总的来说，《中国名砚》的出版，与本套丛书的策划人郭兵和统筹关键两位同志是分不开的。相信他们为本丛书的出版做了大量的、不为人知的和很多不被人所理解的工作，付出了很多心血。出一本书很不容易，能够将我国历史上的诸多传统名砚集中出版，又能做到各具特色，更属不易。早在两年前，他俩就前往我的住所为《中国名砚》的章节结构、内容、语言风格以及读者定位进行过探讨。今日得见齐备的六本书稿码放在眼前，我心里很是欣慰。

　　《中国名砚》系列丛书的出版，是中国砚文化的一件大事、喜事，也是广大砚文化工作者、爱好者、研究者以及收藏者的幸事。

　　遵郭兵、关键二位同志及诸位作者专嘱作序，并致祝贺。

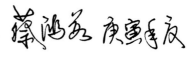

攀枝花印象（代序）

　　三月的攀枝花，阳光明媚。这个唯一以花为名的城市，火红、热烈、阳光，果然名不虚传。最早知道攀枝花，还是青春少年时，想不到第一次亲身感受攀西，已是几十年后。人生之路，实在是让人感慨。

　　苴却砚，这一既古老又新鲜的称谓，就像攀枝花的钢铁，曾经深藏少人识，然一朝得见却让世人无不称快。我之于砚，那是一辈子孜孜以求，从鲁砚而及其他砚，这一中华文化的独特载体，给了我享之不尽的精神愉悦。二十多年前，苴却砚刚刚兴起的时候，我就关注着，很是为这位砚林新秀的独特气质所打动。只是一直事务繁多，联系不便，一直没能和攀西的同行们深入地交流，后来了解到，苴却砚，便是宋时泸石砚的传承，更是让我对他产生了浓厚的兴趣。尤其近年来，看着苴却砚发展得越来越兴盛，几十年攀西一游的心更加热切，今日终得成行。

　　此次来攀枝花，却是攀枝花的同行们正在"密谋"一件大事，我也有幸受邀，便冲冲地来了。实话说，这件事真是有点出乎我所料之外。苴却砚的品质无疑是优秀的，膘、眼、线无一不奇，各色石品花纹更是美不胜收，实用观赏俱为上品，"媲美端歙"还真不是一句空话，这二十多年的蓬勃发展，正是大家对他的认可。但苴却砚同行们的魄力才是真正让我吃惊的源泉。

　　这次应邀到罗氏兄弟石艺研究所参观交流，这个传承了新品苴却砚先驱罗敬如先生衣钵的集体，无疑是苴却砚的代表了，我与罗氏三兄弟也是神交已久。甫一见面，热情寒暄那自是不必说了，三兄弟或儒雅，或激昂，或诙谐，性格各异却都是一片挚情，无怪乎兄弟三人能合力将苴却砚的大旗扛得如此之久。一到研究所，便是眼前一亮，宽敞整齐的厂房里近百位雕刻师父刀耕正酣，如许规模，在以小作坊生产为主的砚界，倒真的是当之无愧的"大企业"了。而且如许多的工艺师，基本上都是罗老先生一系的传承，一人之力，开如此事业，引许多英杰，何能不让人感慨。

　　苴却砚的雕刻，大抵是两派，一派为由当初安徽砚师带来的歙砚风格，这自不必多说。另一派可称为罗氏风格，由罗老先生开创，由其罗氏三兄弟及众多弟子传承，讲究因材施艺，巧形俏色，结合本地元素，擅长青绿山水入砚，以深浮雕见长。一入研究所展厅，便像是回到不可稍离的家中。砚，那古雅的、现代的、清幽的、豪放的，曲线飘逸的、眉目深沉的，一个个像活泼的精灵，尽情地展现自己的魅力，欢迎着我这位迟到的家人。

心情还不曾稍稍平复，罗氏三兄弟又给了我一个大大的惊喜。"千砚工程"，名字听着就那么有力，中华名人、诗意、书法、兽、鸟、花草、瓜果、名胜等等若干系列，各制砚百方，汇成千砚，将苴却砚的美作一次酣畅淋漓的集中表现。这，真让我震撼了，一次推出一千方精品砚，想想那场景就让人兴奋，听说已经出了部分作品，我如何还能坐得住？忙请三兄弟带我去观摩。

苴却砚又被称为"中国彩砚"，其石品石色十分丰富，石眼精绝，黄绿、赤褐等各色膘可谓砚石之冠，各色花纹更是异彩纷呈。以如此丰富的石品石色做千砚，借精心的设计与雕刻，将苴却砚独有的丰富色纹展现得淋漓尽致。每一方砚，都像一个独具个性的小兄弟，争吵着挤到我的眼前，我想爱抚他们，却怎么只生了两双手呢？

以后的几天，我再也没有去看他们，只是尽情地与罗氏三兄弟及苴却砚的同行们分享为砚一生的体悟，交流对苴却砚发展的畅想与感慨。我期待着，我那一千位兄弟震撼现世的那一天，那一天，于我、于苴却砚、于整个砚界，应该都是值得铭记的吧。

攀枝花一行，虽然来去匆匆，却是收获颇丰，且圆了对攀西、对苴却砚的念想，更加亲近了我们的同行，对苴却砚，也不再仅仅作为一个关注者。临行之际，诸多留念，不胜盛情。罗氏三兄弟更是赠我砚石一箱，对于一个砚者，能亲手琢磨数方苴却砚，不亦是人生一大快事乎？

近日，《中国名砚·苴却砚》文稿初成，罗氏三兄弟邀我题序一篇，本待沉思静想，好生经营一番，却突然觉得心境无法平复，难不成我那一千位兄弟又在呼唤我了？遂将行记以代之，也是表达一个砚者对苴却砚良好发展的祝愿和敬慕，拳拳之情，与天下爱砚者共勉。

刘克唐

2012年6月6日

目 录

第三章　苴却砚石矿分布及其特点

第四章　苴却砚的石品划分

第五章　苴却砚的制作

第六章　苴却砚砚雕艺术

第七章　苴却砚砚雕艺术风格及流派

第八章　精品赏析

第 一 章

苴却砚的历史与现状

三足石砚

汉代　直径20厘米

箕斗砚

唐代　长13厘米

一、砚林新贵话苴却

　　在改革开放以来近三十年的时间里，随着收藏文化的兴起和发展，我国各地收藏活动日趋活跃，收藏类别也渐渐丰富起来。在琳琅满目的收藏品中，砚台便是其中一项。

　　砚台由最早的粮食研磨器发展而来。早在秦汉时期，砚台处于萌芽状态，多为长条状、饼状、三足圆形等，至三国两晋南北朝时期，出现了略显稚拙的三足青瓷砚、造型敦实的四足方形石砚；至唐代，砚的造型渐趋多了起来，出现了白釉多足瓷砚、石质箕斗砚、龟形陶砚、陶质砚山等，在砚形上其中以箕斗砚最为常见。在唐代，在统治者实行以科举制度选拔人才的政治需求下，砚台的发展到了一个高峰。对众多砚材的实用比较下，在不断的淘汰过程中，形成了以红丝石、端石、歙石、洮河石四大石质的名砚，形成了我国最早的"四大名砚"系列。唐后，随着红丝石砚材百无一出、石源枯竭而退出，又继以焙烧坚致的澄泥砚补之，终成"四大名砚"，并延续至今。宋代是砚形变化十分丰富的时期，砚形砚式颇多，其中尤以抄手砚最为经典。明清时期是我国砚台发展的高峰时期，不仅砚形变化多，取材广泛，其使用范围也非常之广。尤其在清代早中期，在清帝康熙、雍正、乾隆的影响下，所用砚材为历代最多，砚式造型新颖奇巧，雕琢精美异常，风格各异。

　　清后民国至新中国成立之初，战争纷扰，加之新型书写工具的使用，砚台的产量及使用大为减少，几乎绝迹。尽管如此，在我国改革开放之后的三十年里，一贯秉承先民优秀传统文化的国民再次表现出了对传统文化的眷念和热情。砚台又再次回到了人们面前。

与以往不同的是，再次面世的砚台其功能发生了明显的变化。除一小部分人仍注重其实用效果外，绝大多数人看中的却是砚台的收藏价值、经济价值和观赏价值。尤其又在电脑等现代书写工具的冲击下，在经济利益的刺激下，相当一部分用毛笔写字作画的人也似乎为其所动，在收集名砚之际，似乎也忘记了砚台的实用效果，转而考究起砚台的石色、雕工、纹饰了。即便是传统"四大名砚"，也不时以其为标准进行考量。以致砚市俗工大兴，十分热闹。

上世纪80年代以来，苴却砚也随着收藏市场的兴起开始进入人们的视线，并且很快引起了人们的广泛关注。其原因有三。

（一）质比端歙，发墨益毫

砚石的化学成分结构是决定砚石质地的首要因素。以名砚之首端砚为例，我们试作简单比较。

端砚老坑砚料主要矿物成分有白云母、赤铁矿、石英、绿泥石等，其矿物比例中的白云母（绢云母）占90%，赤铁矿3%，绿泥石1%～2%，石英2%～3%，其他微量矿物有白云石、电气石、锆石、金红石、菱铁矿等。其硬度为2.8～3。歙砚砚料为泥质和粉质板岩，主要矿物成分为绢云母及少量粉沙、绿泥石、金属矿物和碳质等。绢云母、绿泥石等矿物含量较多，其中绢云母及隐晶质达

圭璧砚

清代 红丝石

御铭瓦形砚

清乾隆 端石 长15厘米
原配紫檀盒

70%～90%。有6%～5%比较坚硬的石英粉沙均匀分布在其中，硬度变化较大，通常为3～4。

　　苴却砚的主要矿物质为绢云母、绿泥石、白云石，次要矿物质有石英、黄铁矿、电气石、金红石等。其中，绿泥石、绢云母，其含量为砚石的70%左右（下岩苴却石和溪水苴却石超过70%）。白云石含量为25%左右。次要矿物质黄铁矿、石英、电气石、金红石等加起来为5%左右。苴却石主要矿物质粒径为0.01～0.05毫米左右；白云石粒径一般在0.0024～0.0066毫米左右；黄铁矿很细，粒径多在0.0011～0.0024毫米左右，这样，就使苴却石不仅基本硬度处于2～3的较佳硬度，而且结构更为致密，质地细腻。又由于苴却石中硬度较高的次要矿物质含量少，粒径细，呈雾状均匀分布，特别是石英（硬度为7）含量少，使苴却石柔中带刚，质坚性润，具贮墨不涸、发墨不损毫之优良性能。加之其特有的显微铛锷，使石砚既发墨不损毫又易磨，还增强了研磨功效。

（二）色纹俱佳，可用可赏

　　与端歙二砚相比较，苴却砚还具有丰富的石色石品。

　　从总体来看，苴却砚石色呈紫黑色，石色沉凝，黑中透紫。其石品花纹更为绚丽丰富，尤其是绿膘、黄膘、玉带膘等，品类繁多，各有千秋。其中"墨趣膘"、"火烙膘"、"青花膘"、"鳝鱼黄膘"、"冰纹膘"、"金睛绿膘"等，都具有极高的观赏价值。

　　我们知道，端砚素以"眼"贵，而苴却砚的"眼"足以让人瞠目。其"眼"有

"秋月"砚

　　现代　绿膘、金黄膘、青花、小石眼　长32厘米　宽31厘米　敬如石艺供图

　　巧色精雕，描绘金秋小景，金黄膘中遍布青花，金黄膘过渡自然。

"爽风"砚

　　现代　绿膘、石皮、青花、彩纹黄膘　长36厘米　宽21厘米　罗氏兄弟供图

　　秋风送来金黄的秋色，吹落了枯萎的树叶，送来了清凉。

以下几种特点。

1.大而廓晰

据刘演良《端溪砚》介绍："端砚石眼大小不一，一般3～5毫米，个别大于7～10毫米，最大者直径可达20毫米。"而苴却砚的"石眼"10毫米以上者非常普遍。形体稍大砚体上时常可以看到数个直径在20毫米以上的石眼，有的甚至可见直径在30～40毫米的石眼，而40毫米以上的石眼也偶有发现。最令人惊奇的是，据《四川画报》1990年第二期记载，曾有直径达63毫米的巨眼，堪称为世界之最。

"琴"砚

现代　石眼　长25厘米　宽17厘米罗氏石艺供图

2.数量极多

对于端砚之眼，历来就有"七珍八宝"之说，也就是说一方砚上如有七八个天然石眼，便是稀世珍宝。而石眼最多的端砚恐怕要数宋代端石"百一砚"了，据载其砚长18厘米，宽10.5厘米，厚5厘米，砚底共有101个石眼。而苴却砚的石眼之多，令人瞠目。

一般情况下，苴却砚几乎方方有"眼"。那些有密如繁星、眼小若豆的砚石已属常见之物，而伴生有直径20毫米左右、5个以上者也较多见。据南京大学出版社《神州探奇》一书所载一方"九龙砚"，上有大小不等的石眼100多颗。笔者曾见一方尺余长的砚料，其砚底就伴生有小至3～5毫米、大至30～40毫米的石眼450余颗，且绝大多数或有睛，或有晕，或有环。其重重叠叠，密密麻麻，实在让人难忘。

"秋牧"砚

现代　黄膘、石皮　长78厘米　宽43厘米　罗氏石艺供图

远山雄伟挺拔，苍松翠茂，群牛夜归，灵犬欢跃，作者以金黄色石膘巧雕乡间秋牧小景，生活气息浓郁。

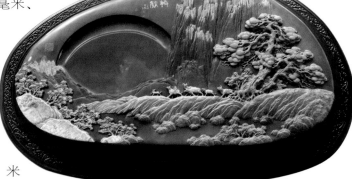

3.色彩鲜活，睛明瞳亮

端砚石眼有翠绿色、黄绿色、米

黄色、黄白色、黄赤色和粉绿色几种。苴却砚的石眼主要有青翠绿色、翠绿色、黄绿色、米黄色、黄白色。绝大多数石眼为翠绿色和青翠绿色、黄绿色，少量石眼为黄色、黄白色。

其中以观赏而论。翠绿色为上品；黄绿色、粉绿色次之；米黄再次之；最下为黄白色、黄赤色。《游宦纪闻》说：石眼"绿翠为上，黄赤为下"。《砚史》记："眼贵有睛，贵绿色……黄色者次之。"

"乡村月夜"砚

现代　石眼　长45厘米　宽35厘米敬如石艺供图

峻峭的山峰，沉睡的乡村中简陋的民宅和乱石铺就的乡间小道，在夜空皓月的清晖中显得异常安详和宁静。诗情画意般的画面民风郁郁，令人向往。

现在生产的苴却砚大都选用含青翠绿色、翠绿色、黄绿色石眼的砚料制成。其色彩碧翠高洁，稍加打磨即熠熠生辉、奕奕射人，无比鲜活精神。当然，上述仅限于眼石和绿膘带石眼的砚石，若是黄膘石一般极少有眼，但有，也偏黄色，已经很罕奇，如眼色偏绿，那就是至宝了。

苴却石石眼有瞳，瞳中有睛(睛为石眼中最中心位置)，睛较晕、环其色最鲜明、最精灵。睛被色彩各异、浓淡不一的环缠绕，环与环之间有褐赭等色的晕均匀渗入，酷似活生生的鸟兽眼，炯炯有神、脉脉如诉，观之，令人心动神怡。一般说来，石眼"睛"、"瞳"、"晕"、"环"俱有，且睛亮、瞳明、环多清晰、眼少杂质者为上品。

"皓月初升"砚

现代　绿膘、石眼　长62厘米　宽23厘米　听石轩供图

石材四周天然毛边，且膘、眼俱有，甚为难得。大而圆正的莹洁石眼恰为初升的皓月，刻意保留的天然毛边中绿膘清晰可见，尤可观。

（三）以画入砚，砚雕风格独特

以画入砚是现今苴却砚的主流风格，其特征表现为大胆借鉴我国传统绘画艺术的章法、布局、皴法、渲染、勾描等表现手法，运刀作

笔，巧借苴却砚石丰富的石品表现出传统绘画中的深远、高远的意境，以粗犷、细腻、刚劲、柔媚等不同韵味的线条表现出了人物的衣纹以及花鸟、虫草、翎兽等不同动植物的轮廓和鸟类翎毛，还巧借别具特色的石眼雕饰为动物的眼、夜空中的明月以及各种果实和昆虫等等。而其中最具特色的当属山水砚。

苴却砚雕艺人立足攀西乡土文化，因材施艺，表现出一种既不同于他乡民间砚饰的雕刻方法，又有别于学院式砚饰雕刻的章法，表现出了一种淳朴、圆润、清新俊秀、文气焕然的砚雕艺术风格，独具强烈的艺术个性。使其在攀西地区乃至全国砚界引起较大的反响，以致在国内各地的各种展览展示会上，即便这种风格的砚作没有署名，很多人也能一眼认出。抑或正因为如此，有人说苴却砚是近年来砚林中惊现的一匹黑马。也有专家认为苴却砚是继中国传统"四大名砚"之后的又一名砚。

不管怎样，我们认为，苴却砚正以新品名砚的称号而迅速崛起。

二、历史上的苴却砚

（一）"苴"的读音、含义

"苴"是近十年左右来使用频率较高的一个字，许多人对其读音、含义不甚了解。随着近几年苴却砚的出现，此字生僻的面孔逐渐为人们所熟悉，但其多种不同的读音在人们与之相关的沟通和交流中仍被经常提及。

首先说"苴"。"苴"字读音很多，如在《康熙字典》和旧版《中华大字典》（中华书局1978年重印发行）中，"苴"字有十多种读音。如"千余切"，

"清雅"砚

现代 黄绿膘、绿膘、火烙、石眼 长45厘米 宽38厘米 厚德斋供图

音"居"；"宗苏切"，音"租"；"班交切"，音"包"；"总古切"，音"租"等等。但通常情况下常见有两种，其一见《新华字典》，其注音为"ju"，音"居"；其二在云南和四川攀枝花等地口语中，发"zuo"音，与"左"同；还有人认为苴在云南地区发"左"音，其他地区发"居"。有人以为，应该以字典为标准读"居"，也有人以为，应该尊重云南等地长期形成的读音，读"左"。

（二）"苴却"地名的源考

经查《现代汉语词典》，"苴"的基本字义只有一个。为大麻的雌株，开花后能结果实。但"苴却"是一个历史地理概念，主要区域在今云南永仁县及川滇交界相关区域。清《姚州府志》中记载："滇中地名，多有以苴字名者，姚州之大、小代苴，白马苴，大姚之苴却，镇南之苴力铺、苴水皆读为子锁切，音左。"《汉书·终军传》："苴以白茅。"师古注有："苴音租。夫租音与左音相近，滇人之苴字为子锁切者，其租音之转而讹欤。"说"苴"应发"租"音，这也未必确切，在《杨升庵全集·渡泸辩》中两处提到苴却时，均写为左却："……今之金沙江在滇、蜀之交，一在武定府元江驿；一在姚安之左却。据《沈黎志》，孔明所渡当是今之左却也。"可见苴却之"苴"早在明代以前就读做"左"，或近似于"左"音，并一直延续至今。

也有资料称，"苴却"之名是源于传说。相传，古时曾在永定镇的一座古墓中出土过许多泥偶，其中一件的泥人立于泥马旁，马鞍辔俱

古砚一

全。因泥人左脚上镫作欲跨骑状，且形象逼真，故得百姓敬奉，并在每年农历三月二十八日的土主会上，将其奉于祭台，呼为"左脚"，为其举行隆重的祭祀典礼。因常呼"左脚"，遂演绎成当地地名，意为"有土地神保佑的地方"。至今，当地彝族还继承着一种"左脚舞"。又因当地"左"、"苴"音同，"脚"、"却"音近，以致传为"苴却"沿用至今。

　　从已有的资料看，苴却是我国少数民族音译的汉字，但究竟是何种民族语音尚有争议。例如：王之甫先生在《南诏和白族的几个问题》（《彝族研究》1988年）一文中介绍说，有的学者确信苴为彝族语音；而有的学者则认为苴为民家（白族）语音；也有人认为苴是彝族和白族的混合称号。不少学者认为，"苴"为彝族语音之说比较可信，许多资料证明，早在唐南诏时期，"苴"在当地已是较常用的语音，而南诏王室的后裔为后来分布在滇西的彝族。在南诏，王子被称为"信苴"，南诏的人名、城镇、河流等多以苴谓之。苴却作为古地域名指"东至会理，南至元谋，西北至永胜，西南至祥云"及其相关地域，主要区域在今云南永仁县及川滇交界相关区域。是一个多民族聚居的地方，主要生活着彝（西南夷）、汉、么些（今纳西族）、傈僳等多个民族。据李汉杰主编的《中国分省市县大辞典》解释，云南永仁："古称苴却，新石器时代人类就在此生息繁衍。"《中外地名大辞典》中说，云南省大姚县地，土名苴却卫。唐初苴却这个地区属姚州的辖地（姚州为戎州所辖

古砚二

古砚三

羁縻州）；天宝后地入吐蕃，贞元中，归南诏，历五代迄宋，一直为羁縻州。宋初，将其从戎州的羁縻州改为泸州羁縻州；元初，世祖亲征大理后改姚州为统矢千户所，在汉置久废的青岭县地所置大姚县，明洪武十五年置姚安府，辖姚州、大姚县。明嘉靖年间李元阳著《苴却督捕营设官记》一文中写了"苴却"，与李元阳同时代的杨升庵在《渡泸辩》中将苴却记为"左却"，崇祯时的徐霞客在其游记中将其记为"苴榷"。到了清代，这个地域改置"苴却巡检"。民初设"苴却行政委员"。1929年由大姚县拆出东北部靠金沙江南岸的区乡，置永仁县。1949年后旧县建制未变。1965年成立渡口市（现改名攀枝花市），将永仁县的仁和区等（靠金沙江南岸一带）划归渡口市，包括仁和区的大龙潭乡、平地乡，大龙潭乡和平地乡即现在苴却砚石的产地。

时至现今，永仁县的全部乡名里，仍有1/5以上带有苴字，"苴"字在当地统一发"左"音，是世代生活在苴却地域人们的统一发音。"苴却砚"也因地而名。但关于苴却砚的起源，史书上却没有任何记载。

（三）或为史载的"泸石砚"

经查，苴却砚或为史载之"泸石砚"。

古砚四

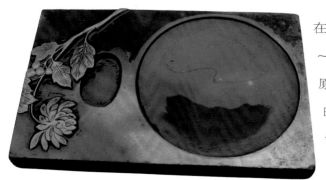

泸石砚，系我国古代地方名砚之一。曾在北宋诗人、书法家、词人黄庭坚（1045～1105）的《任从简镜砚铭》中被提及，原载《豫章黄先生文集》第13卷。其全文曰："泸川之桂林有石黟黑，泸川之人不能有之。而富义有之以为研，则宜笔而受墨。唐安任君从简之砚，面为镜而背三足，形骇天下。若山林为若而不得访诸禹也。松煤过之，若玄云之过魄月而亡也。笔胥疏其上，则吾宫中之兔也。握笔之指，爬沙若蛙，欲食月不能而又吐也。"铭下自注文："任君宗易、从简，以官守不能至僰，而属余同年生贺僰孙庆子成章，持乌石砚屏，来乞余铭其镜研，余没其研屏以为研，而与之铭，而使复求乌石以为屏。乌石研材，视万州之金崖中正砦之蛮溪兄弟也，而白眉耳。"

由文中得知，山谷作铭时居僰地，任君宗易从简在泸州做官，不能亲至僰求铭，而嘱他人持乌石砚屏及镜砚祈铭，他自己将砚屏改为砚，作镜砚铭，并让他另寻乌石以为屏。"僰"为唐时地名，至宋改僰为戎州（故城在今四川宜宾西南），黄于1098年从黔州（今四川彭水）迁戎州（在戎居三年）。

其后南宋高似孙(1223)在所著《砚笺》中也有言，曰："山谷曰泸川石砚黯黑受墨，视万崖中正砦之蛮溪兄弟也……"

至民国，《泸县志》卷三对此评说道："山谷（黄庭坚自号山谷道人）《桂林石砚说》（云）泸州桂林之石，其材中砚（适合制砚），泸人不能采，而富义（今富顺县）之民采之。所谓楚国有材，晋实用之。李度琢此（为砚），砚凹圭皆中度。"桂林地望，今已不详。李度，据文意应是民国时泸人，曾琢乌石以为砚而深浅、大小中度。

据民国马丕绪撰《砚林脞录》载，制砚始于宋代。砚石产于四川泸州，故又称"泸州乌石砚"。砚石黯黑、受墨，可与万州悬金崖乌石砚石媲美。可见桂林乌石，民国年间还有存在。

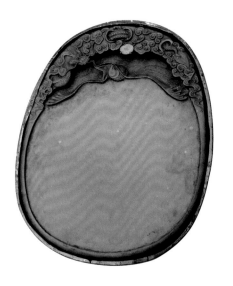

古砚五

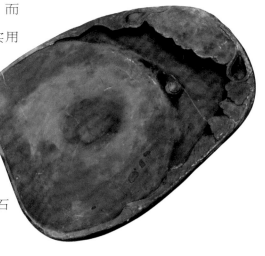

古砚六

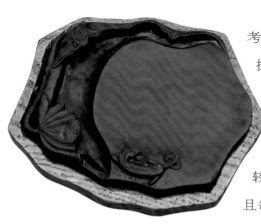

古砚七

古砚八

时至现当代，又有黄道霞先生著《"苴却砚"考》一文，文曰"泸石砚产于泸川。泸川即泸州。据《宋史·地理志》，泸州，泸州郡。泸川节度使（本军事州）同治。但山谷先生并没有说明产于泸州的什么地方。为此，黄道霞先生专门进行了进一步考证：宋时泸州、泸川郡、泸川军所辖地域较广，除辖了3个县外，还辖有18个'羁縻州'。而且每个羁縻州有3～5个'县'。羁縻州制是唐宋王朝在边疆地区设置的地方行政单位，由各族首领任行政长官，并世袭。"

那么，泸石砚到底产于泸州的何处呢？黄山谷先生的铭文中提供了如下线索：一是泸石砚产泸州之桂林；二，泸石砚产于少数民族居住的地方（"蛮溪"）。黄山谷先生在其诗作中曾几次提到过"蛮溪砚"，如"蛮溪大砚磨松烟"（见《山谷全集》《答王道济寺丞观许道宁山水图》诗），这里讲的蛮溪砚，该是指泸石砚。

黄道霞先生进一步考证说：泸州所辖"蛮族"居住的18个羁縻州中有姚州，在当时知道的是，这18个羁縻州中唯有姚州出产砚石（今苴却砚的所有石坑均在宋时姚州地域）。

据考证：宋时姚州在若水（雅砻江）与泸水（金沙江）汇合处之右岸，为少数民族居住地，春秋以前称"滇獠地"，至汉武以前为古滇国地域。元狩二年（前121），滇王归汉，汉武帝将其归为益州郡辖地。晋初，从益州分置宁州，到隋朝宁州废，此地为各自称王封侯之国地。唐初，武德四年（621）始置姚州，以州人多姓姚而得名，辖姚城、泸南、长明三县，共3700户，为戎州羁縻州。宋初，将其地从戎州的羁縻州改为泸州的羁縻州，据《南唐书·地理志》：由泸州"南渡泸水，经褒州、微州三百五十里至姚州"，这比戎州西出，经大凉山至姚州，路途近。

古砚九

元初，世祖亲征大理后，又改姚州为统矢千户所，在汉置已久废的青岭县地所置大姚县。明洪武十五年（1382）置姚安府，辖姚州、大姚县。清顺治十六年（1659）姚州、姚安府有土司归附；乾隆三十五年（1770）裁姚安府，以所辖姚州及大姚县地隶楚雄府。1913年改姚州为姚安县，大姚县未变，1929年由大姚县拆出东北部靠金沙江南岸的区乡，置永仁县，1965年成立渡口市（现攀枝花市），将永仁县的仁和区等靠金沙江南岸一带划归渡口市（包括苴却石主要矿源地大龙潭乡、平地乡等地域）。

大龙潭乡为彝族集中居住地，紧靠金沙江南岸，是苴却砚石材的主要产地，其中有一个彝族村就是"砚瓦石箐村"，当地彝族称石砚为"砚瓦"，这里也是最早的苴却砚生产地。

据《清史稿·地理志》记载，清大姚县置苴却巡检，其位置就在今天大龙潭乡，后来参加巴拿马万国博览会的三方苴却砚就是当时任苴却巡检的官员宋光枢在当地取得送去的，并称此为"苴却砚"，从此苴却砚取代了"泸石砚"称谓。

古砚十

古砚十一

显然，"泸石砚"之所以忽然间"下落不明"，根本原因在于产砚石的地域发生了多次辖属的变化。当然，这也与这一地区迄南宋直至清末，交通闭塞的问题一直没有太大改善有很大的关系，而且该地区灾害、战乱、民族纷争从未中断。在此条件下，"泸石砚"发展一直不畅，以至于明清以来，许多人慕名而来寻找"泸石砚"均徒劳而归，徐霞客于崇祯十一年（1638）考察金沙江，曾在姚安府、大姚县逗留月余，也没有留下泸石砚的记载。

泸石砚制作的鼎盛时期当在北宋宣和以前，元代尚有人得见宣和时制作的泸石砚。元代著名学者虞集（1272～1348）所著的《道园学古录》中，载有《谢书巢赠宣和泸石砚》诗："巢翁新得泸石砚，拂拭尘埃送老樵，毁璧复完知故物，沉沙俄出认前朝。毫翻夜雨天垂藻，墨泛春冰地应潮。恐召相如今草檄，为怀诸葛渡军遥。"虞诗对这方泸石砚的文物价值、艺术价值评价很高，而且诗句中将此砚与四川历史上著名人物司马相如草檄，诸葛亮渡泸相联系，显然有其特殊意义。云南大学历史系朱惠荣教授在考证苴却砚之"苴"的读音、含义时也提道：《杨升庵全集·渡泸辩》中两处提到苴却，"……今之金沙江在滇、蜀之交，一在武定府之江驿，一在姚安之左却。据《沈黎志》，孔明所渡当是今之左却也"。

以上考证应该可以证明，产于金沙江（泸水）与雅砻江（若水）汇合之一段河流岸边的苴却砚就是北宋以前就颇有名气的泸石砚。

由于元以后官府管辖建制格局变化，以及灾害

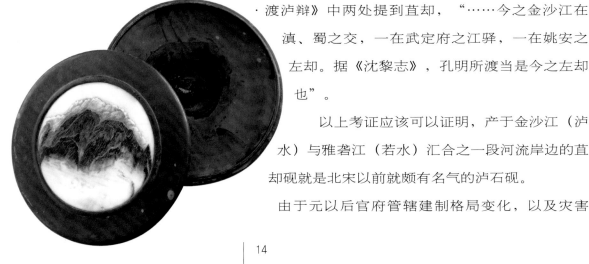

战乱等原因，在明清之际以"泸石砚"为名的砚渐渐失传。

那么"泸石砚"为何后来叫"苴却砚"呢？这同这一地区的建制变化有关。宋时，它产于姚州，不称它姚砚，这可能是因为姚州是羁縻州，受泸州管辖，泸州当时被列为"上"等州；加上姚州也属泸水流域范围，称泸石砚，也算内含姚州之意。但是，元以后从世祖亲征，加速开发云南，使云南现今的东北部地区的建制发生了变化，即改变了秦汉以来这一地区长期由四川的有关部、府、州管辖的建制格局，使得姚州及大姚县与泸州最后脱离了隶属关系。因此，姚州及大姚县所产石砚，逐渐不再把它与泸州联系，泸石砚的名称，慢慢就被人淡化以至遗忘、失传。当然，这一地区，迄南宋直至清末，交通闭塞，一直没有得到改善，而且灾害、战乱民族纷争不断，在这种环境下，没有条件发展石砚的制作，它只能"不绝如缕"。明清以来，没有人再见到泸石砚。徐霞客于崇祯十一年（1638）考察金沙江。在姚安府、大姚县约月余，也没有给我们留下泸石砚的记载。不少人到泸州寻找泸石砚，结果总是失望，后来终于作出结论："泸州今不产砚"，或"今不闻泸石可为砚"。

造型各异的古砚

尽管苴却砚制砚的历史曾一度湮没，但在攀枝花及附近县市，各种造型的古砚依然较为常见。图为笔者在民间收集的各种古砚。

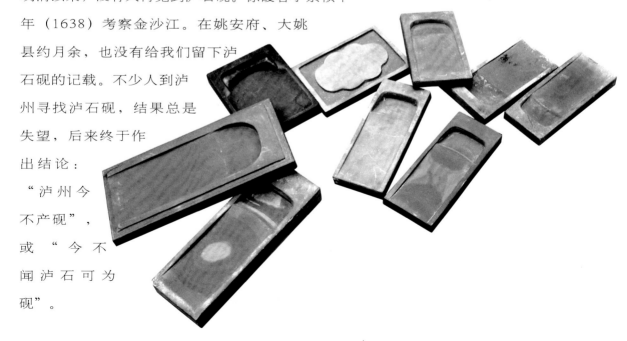

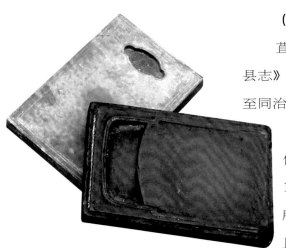

古砚十二

"平湖涌翠"砚

现代 玉带绿膘 长36厘米 宽20厘米 罗氏石艺供图

远处碧绿的山峰隐现于夜幕之中，一轮明月徐徐升起，一叶扁舟游弋于水面，画面翠色涌动，如梦如幻。

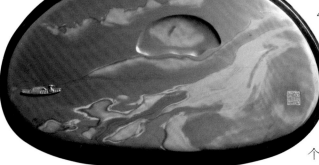

（四）艳惊巴拿马博览会

苴却砚重现江湖、再显光彩是在清代。据《永仁县志》记载，早在咸丰年间苴却附近就有匠人制砚，至同治、光绪、宣统渐盛。

据《楚雄方志通讯》载，这一时期较有代表性的制砚者叫寸秉信。"寸秉信（1854～1913）因年幼家贫，从十二岁起就学雕砚。他所雕刻的石砚，不但精湛细腻，墨浓耐磨；而且图案各异，有龙凤呈祥，双龙戏珠，名观古刹，花虫鸟兽等。其中有一块雕有双龙戏珠的尺余大方砚，曾落到当时团总的堂侄寸芳田家，后因寸家火焚散失。宣统元年（1909），苴却巡检宋光枢曾取砚三块赴巴拿马博览会展出，受到好评，被选为文房佳品。民国二年（1913）云南首府命寸秉信赴省，传授雕砚技术，未及起行即病故。其后，长子寸怀龙继承父志，专行石砚雕刻，但所制石砚都不能与其父相比。"这段颇具传奇色彩的记载令人遐想联翩，激发起人们对苴却砚历史的兴趣。

然而，苴却砚在"巴拿马博览会"展出一事一直是个谜团，"巴拿马万国博览会"是为了庆祝巴拿马运河被开凿通航而举办的一次盛大的庆典活动，博览会从1915年2月20日开展，到12月4日闭幕。这与上文所说的1909年不符合，而且1912年已建立中华民国，也就是说，巴拿马博览会召开之时已非清朝。带着这个问题我们查阅了相关文献，有三个事实不容忽视：一个是当时的美国政府比较重视中美关系，

1914年3月派劝导员爱旦穆到中国，游说中国派代表团参展。北京政府也将此事作为中国走向国际舞台的一件大事，在19个省征集参赛品，共有10多万件参加了这一盛会。这些物品大致分为教育、工矿、农业、食品、工艺美术、园艺等，征集范围从工矿企业、学校、机关直到普通农民。可见，当时不仅中国参加了巴拿马博览会，而且展品数量大，品种多，征集范围广；二是，根据永仁县志记载，民国前期永仁的最高行政长官仍是宋光枢，而且永仁地处边远，民国的建立要波及这里，需一定时日（例如，1949年新中国成立，而这一地区真正"解放"则是1952年）；三是巴拿马万国博览会虽然定于1915年春开幕，但中国路途遥远，且所运物品数量庞大（除主办国美国外，30个参赛国中，以中国和日本的参赛展品最多），类别繁复，到美国后尚要应付报关、点验、布置展场等诸多事情，因此必须提前征集展品、提前出发。从上述三点看，我们认为，虽然苴却砚参展巴拿马博览会的时间有误差，但并非6年这么长，参展的事实也基本可以认定，而且还产生了较大的影响，否则就不会有"云南首府命寸秉信赴省传授雕砚技术"之说了。

据了解，与寸怀龙同时制砚的，在苴却附近还有几户，如张文怀、钱秉初、高联新等，但都未造成较大影响，而苴却砚生产一直都断断续续，步履维艰。可以认为，在寸秉信先生不幸病逝后，苴却砚生产即每况愈下，直至消失在历史风尘之中。当然，严格地讲，苴却砚之完全息业的时间是1952年，是时土地改革，农民分得了土地，于是很快放弃了收入微薄的制砚业而专事农业。

"清逸"砚

现代　黄绿膘、金线、火烙　长65厘米　宽22厘米　石语斋供图

黑石雕以竹节，黄绿膘精刻苦瓜，造型生动逼真足以娱心，下琢金黄色蜥蜴，回首顾盼以作呼应，静中有动，灵巧有加。

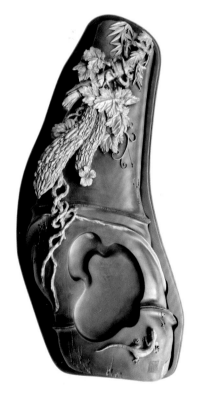

（五）曾经一度湮没的历史

苴却砚的历史可分为三个阶段，均富于传奇性。

第一阶段是宋代及以前。苴却砚就是在历史上忽然下落不明的泸石砚。据研究，苴却砚产地大姚，古属泸川（今泸州），而且，苴却砚石原产于古泸水，诸葛亮渡泸的渡口在今之拉鲊，距苴却砚石原产地不到10公里。宋以后苴却砚竟不知何故在文献中消失了。

第二阶段是在清代。据载，苴却砚在清咸丰年间名气颇大，云南省府计划进一步开发苴却砚，却因社会动荡导致经济文化衰退以及当地制砚艺人的短缺，使苴却砚再次消失于历史风尘之中。

罗敬如在工作

第三阶段是当代。苴却砚的第三次兴起是在20世

纪的80年代，其时代背景是攀枝花钢铁能源基地建设
的大发展。1953年，石雕艺术家罗敬如先生在民间发
现两方砚，并为其类似端砚的石质、石眼所吸引，于
是其遍寻砚石矿源，经30余年的艰辛探寻，终于再次
发掘到砚石矿源。

　　至此，又再次扣开了苴却砚通往辉煌鼎盛的大
门。在罗敬如的带动下，他与他的晚辈及弟子苦心钻
研，在随后的日子里，研制出了一批批题材广泛、造
型新颖的苴却砚，在文化大发展的新时期，在砚界产
生了很大的社会影响。

"遵义会议会址"

罗敬如作

三、重现名砚第一人

　　罗敬如，1920年生于四川三台，自幼家贫，少年
时期父母双亡，后离家学艺，开始学习绘画、书法和雕
刻。30岁后从事美术教育工作，曾任教雅安天泉中学、
荥经中学。1952年，应政府号召举家迁往四川西南部的
会理县。在会理，其完成《长征组雕》等一系列石雕作
品。"文化大革命"期间，其艺术创作被迫中断。

　　1953年，罗敬如陆续在民间发现了民国时期的
苴却砚，其中一方"二龙戏珠"砚，长约30厘米，砚
额刻有二龙戏珠纹，石眼色绿偏黄，形不太圆，有破
损，但仍能看出有睛有瞳。另一方砚未雕图案，为正
圆带石盖盒砚，直径约20厘米。砚上仍有石眼若干，
由于剖面不正而石眼呈椭圆形，但外形均匀，轮廓清
晰，色亦绿偏黄，有心有环，层次比较分明。遗憾的
是制砚者未做任何特殊的加工，经分析他认为制砚者
并没有意识到石眼的价值，以致完全忽略了石眼的存
在。后经研磨观察发现，两方石砚石质较好，石色青
黑灰泛紫，与端砚颇为相似，且研墨细腻而不滑，

"白马寺——红军叔叔住过的地方"

罗敬如作

罗敬如像

杨超题词

属上等砚材。罗敬如深为其石质和石眼的特色所吸引，认为这样的石眼足可与历代名贵砚种——端砚相媲美，应该好好利用，因此对苴却砚产生了浓厚的兴趣。罗敬如酷爱艺术，尤擅石雕。他深知优良的石质是琢制石砚的基本条件，而摆在面前的两方石砚不仅具有出色的研磨效果，而且生有与端石同样的石眼，十分难得，如能寻得砚石，亲琢一方该有多好！他思忖再三，本着自身所具备的文化知识和石雕经验，遂决定寻找砚石矿源，尝试琢砚。

1984年，罗敬如受聘于攀枝花市工艺美术公司做顾问。在此期间，经多方打听，他从攀枝花市文管所的一位同志那里得知其收藏有苴却石砚，并初步探明，苴却砚石就产于攀枝花市境内金沙江边的陡壁悬崖之间。罗敬如大喜过望，遂与学生余文香、儿子罗伟先等人进行了进一步的勘察寻访，又经钱秉初的儿子钱必生先生指点、引路，终于找到了砚石矿脉，取得了样品。这一点，在著名作家李林樱女士的《砚痴传奇》一文中曾这样描述："在涛声訇然的悬崖绝壁上，巨大的砚山终于被他们找到了！……激动中，罗敬如涕泪交流了。"

经过无数次的勘察、采石选料，在罗敬如先生的指导下，当地开始了苴却砚重新开发的研制工作，终使这一砚种重现砚林。在对砚石样品的比较过程中，苴却砚优异的特质和丰富的石品逐渐呈现在了人们面前。

在罗敬如带动下，攀西地区的一批石雕爱好者相继开始了苴却砚的生产和加工。经过多年的努力，陆续创作出了一批题材广泛、造型新颖、具有新时代气息的新型苴却砚。苴却砚的重新面世，很快受到国内外行家的好评，在文房四宝行业、鉴赏家、收藏家中引起了很大的反响。1995年4月，时任全国人大常委会委员长的乔石在出访日、韩两国时，特意挑选了罗敬如指导雕刻的9方新品苴却砚，作为国礼赠送给日本天皇、首相、参众院长和韩国总统、总理，得到高度的评价。

但遗憾的是罗敬如因积劳成疾，于1997年因病医治无效，长逝于苴却砚的复兴之地攀枝花，享年77岁。

四、苴却砚的生产现状

经过近30年的发展，苴却砚的生产现今已形成一定的规模。据攀枝花市仁和苴却砚行业协会的调查和估计，目前在攀枝花境内约有厂（商）家上百家，大龙潭乡就有30余家，平地乡有17家，其他虽未形成较大规模，但均有一定生产。从目前相关从业人员结构看，从业者既有民间艺人，也有业余爱好者，近年来，又有不少文人艺术家加入到苴却砚的制砚行业中来，粗略统计相关从业人员多达近万人，并仍在快速增长。苴却砚成为当地诸多民间艺人展示才华的舞台。

在众多苴却砚加工生产的企业中，其中以"罗氏兄弟石艺研究所"规模为最大，是目前当地设计、生产、销售苴却砚的龙头企业。"罗氏兄弟石艺研究所"由罗敬如先生的三个儿子罗春明、罗润先、罗伟先三兄弟创办。该研究所汇集了当地及外省市地区的100多名的石雕艺人，组成了一个集苴却砚创作、雕刻、销售、展览展示的优秀团队，在继承罗敬如先生艺术风格、雕刻技艺的基础上，

黄胄题词

千家驹题词

证书一

　　2006年，苴却砚获得"中国十大名砚"称号。

罗氏兄弟石艺研究所

　　不断创新，形成了一种集山水、人物、虫草、古代彝器等为表现题材的独特砚雕技法和艺术风格。许多年来，这种独特的砚雕艺术风格已渐入人心，博得了国内外文化市场及相关文化艺术界的高度认可。在很多情况下，"罗氏兄弟石艺研究所"设计生产出来的砚台，人们随眼看去便可认出，更无须检验印上的落款及印文。

　　现在，苴却砚的销售不仅在国内外市场站稳了脚跟，而且在攀枝花市也形成相当的生产加工规模，并初具了产业化的特征，初步形成了采石、运石、存贮、石材销售、胚料加工、雕刻制作、配盒包装、销售运输等产业链。许多从业人员和厂（商）家分布在产业链的各个环节，并逐渐向专业化发展。产业分工越来越细，如在雕刻制作方面，就出现了专雕人物的

艺人，还有专雕花鸟、专雕山水的等等，有的专雕仿古砚，甚至有的专雕狭小题材，如梅花、竹编、龙、虎等。优良的材质、丰富多变的石色石品同样也吸引了攀枝花地区以外的很多艺术家、砚雕艺人和石雕艺术爱好者，他们中的很多人不远千里，带着创作的激情，携家带口，来此创业。他们在攀枝花不仅找到了自己的人生的奋斗目标，同样也为苴却砚的发展和壮大贡献了自己的力量。

在众多砚雕艺人的努力下，苴却砚也取得了骄人的成绩。

1989年，苴却砚在中国美术馆和中国工艺美术馆亮相以后，在社会上产生了很大的影响，很多名人欣然为苴却砚题词，原全国人大常委会委员长、中共中央书记处书记、国务院副总理乔石："砚中珍品"。中国当代著名书法家、收藏家、文物鉴赏家启功为罗氏三兄弟的专著题写书名："中国苴却砚"。著名文物鉴赏家千家驹题词："砚中瑰宝"。著名书画家黄胄题词："砚中珍品"。著名画家董寿平题诗："苴却砚，温且坚，共声如馨，眼若星繁，文房之称佳玩。"著名书画家王遐举："温馨如玉"。著名书画家何继笃："苴却石砚，笔墨生辉"。著名书画家刘云泉："砚田生画"。著名书画家郑珉中题词："文房奇品"。著名书画家白雪石："书画良友"。金石文物鉴赏家张绍增评价："似端非端，石眼为冠"。

1991年，苴却砚获得全国"七五"星火科技

启功题词

证书二

2010年，苴却砚获得"中国十大名砚"称号及"金奖"。

张绍增题词

"赏秋"砚

现代　绿膘、黄膘、胭脂晕、青花　长44厘米　宽28厘米　敬如石艺供图

深秋时节，遍地金黄，天地间的山石树木被浓郁的秋色浸润。

成果博览会金奖；2006年，在第十八届全国文房四宝艺术博览会上，苴却砚被认定为"国之宝——中国十大名砚"。2010年"苴却砚走进世博会"；2010年10月由中国轻工业联合会、中国文房四宝协会授予仁和区"中国苴却砚之乡"荣誉称号，四川省文化厅授予苴却砚产业较集中的攀枝花市仁和区南山循环经济发展区"四川省文化产业示范基地"；2011年7月，中国国家质检总局正式批准四川省攀枝花市仁和区"苴却砚"成为国家地理标志保护产品。可以看到，苴却砚经过20多年的发展，已基本成为攀枝花市文化性特色产品，已成为攀枝花市的城市文化名片。

尽管成绩斐然，但目前在攀枝花市场上，苴却砚的市场价格也表现出某些混乱的迹象。如有的砚作出厂时仅几千元，但经过市场某些不规范的"倒手"便可以以几万、甚至几十万的价格再次出现在销售市场；再者，有的砚作在石质、石色、雕琢工艺相差不多的情况下，不同的厂家的标价或成交价竟相差几十倍、几百倍，更有甚者，还标至有悬殊几千倍、上万倍的，实在令人费解。

种种迹象表明，攀枝花地区的苴却砚成绩是可以肯定的，但问题也不容忽视，我们期待相关部门能够及早地梳理和规范，以实现苴却砚的更大发展。

第二章

苴却砚的形成

攀枝花市地理位置图

一、苴却石形成的地质环境

就目前苴却砚砚石采集情况来看，砚材矿脉多集中在攀枝花市仁和区平地镇、大龙潭乡境内，其矿址位于四川西南攀西大裂谷金沙江沿岸的悬崖峭壁之中，开采非常困难。据相关资料称，苴却砚砚石形成于晚二叠世，是攀西裂谷岩浆活动与围岩发生热接触变质作用的产物。其原岩为新元古界震旦系观音崖组，是滨海——浅海相沉积的泥质岩（黏土岩），受矿区内及周边晋宁期和华力西期岩浆烘烤，产生化学性质比较活泼的热源、气源，通过岩层中的孔隙、水体，使岩石产生不同程度的物理化学变化和变质，加之上覆岩层剧烈挤压下岩层发生压力变质，经过上亿年后形成具有明显条带状、条纹状构造的含钙泥质板岩。属不可再生的珍稀特种矿产资源。

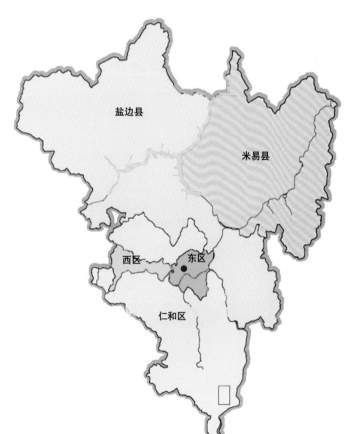

攀枝花市行政图及砚石开采地

二、苴却石的资源特色

据攀枝花市苴却砚产业文化发展规划论证，苴却石资源具有如下特色：

（一）储量巨大

在我国历史上，曾先后记载有数百个砚种，而其中尤以石质砚为多。在石质砚中，典型的要数我国传统名砚中的端砚、歙砚、红丝砚、洮河砚以及贺兰砚等，之所以称之为名砚，是因为这些名砚历来为人所重，其主要原因就是因为砚石石质幼嫩，发墨益毫，使用便利等，正是这些因素使得砚石矿脉具有悠久的开采历史。如端歙二砚，早在唐代就有开采记录，并有大量砚作传世至今。然而，也正是长期、连续不断的开采和生产，带来了一个砚矿资源日渐枯竭的无法回避和遮掩的现实问题。尽管这些名砚在砚界至今仍保留有一定的地位和传统砚文化影响力的辉煌，但无可否认的是，这些名砚砚材矿源枯竭的情况尤为严重，尤其那些砚材储量本来就很小的矿脉矿坑，在不断的开采中而早已枯竭成为废矿，不由令人扼腕叹息。即便是以河泥为砚材的澄泥砚，也由于社会及环境的现代进程过快，形成了河道污染严重、无泥可取的窘境。

但苴却砚不同，这是因为苴却砚在我国历史上几乎没有大规模开发生产，虽曾小有辉煌，但毕竟时间过于短暂，并未有进行过大规模的开采，而且停业的时间太长，这从某一方面来说，就是对砚石矿脉这种自然资源起到了客观的保护作用。经过地质部门的科学探测和权威鉴定，以目前的生产规模而言，苴却砚砚石资源保有储量达百万吨以上，相当可观，开发前景诱人。

（二）矿藏集中

与其他原石砚矿资源相比，苴却石矿藏资源非常集中，这对不可再生的珍稀矿藏资源是非常有利的先天优势条件。首先是便于资源的保护，由于历史的原因苴却砚的归属有争议，牵涉相连区域的利益和资源争夺，也导致不同省份和地区存在苴却砚销售市场和文化招牌混乱的现象，而料石原产地和地标的确立确保了矿藏资源的唯一性。其次是便于统一的行政管理

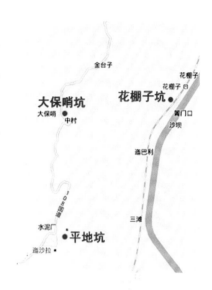

苴却砚砚石开采坑口及位置

苴却砚砚石毛料

和组织规模化有序开采，苴却石资源集中在金沙江畔非常狭小的地质线层，依托两个相连的行政村镇，组织统一的生产管理相对容易，也可以实现规模化现代性开采传输的产业方案。

（三）天然无害

苴却石在科学定义上被国家地质矿产部成都综合岩矿测试中心鉴定为"白云石绢云母绿泥石板岩"，在显微镜下呈现鳞片状结构和稀疏斑状结构。其主要成分为绢云母、绿泥石、白云石板岩，还有黄铁矿、石英、金红石等成分，在绢云母、绿泥石为主体的物理组织中，不均匀地分布着呈自形和半自形的白云石板岩和黄铁矿成分，构成美学意义上的石眼和铜钉的

金沙江畔

金沙江是我国长江的上游部分。从青海进入横断山区始称为金沙江，流经云南高原西北部、川西南山地，到四川盆地西南部的宜宾接纳岷江为止，全长2.316公里。

在攀枝花流域内，金沙江两岸高山耸峙，坡陡水急。而苴却砚砚石产地则正好处于陡峭的山坡之上。

图为山坡砚石产地远景。

自然物质来源。矿物颗粒为微细粒级（粘土级），硬度相对低，致密而细腻。经科学检测苴却石原料无毒、无味，不含任何放射性元素。

（四）质地优异

与其他名砚相比，苴却砚石可谓集中了中国诸多名砚砚石的优点，并在许多方面更胜一筹。以实用价值而论，苴却石石质细腻度适中，主次矿物质含量和比例适中，温润度和硬度也适中，主要矿物质的特殊层状结构和排列组合以及次要矿物质的均匀分布，致使苴却砚比端砚、歙砚的饱和吸水率低，有优异的贮水性能，研磨效果极佳，能充分体现石质砚的本质属性。以观赏价值而论，苴却石的石品花纹异常丰富，

为其他砚石原材料所不及或不具有。例如，以石眼而言，一方苴却砚的"石眼"最多达数百颗，且绝大多数石眼呈翠绿色，睛明瞳晰，碧翠高洁，最大的"石眼"直径竟为60多毫米；以石品花纹而言，彩膘为苴却石一绝，其色彩千变万化，美轮美奂。总之，苴却石品类之多，石质之优异，石品之丰富，在迄今为止的中国砚林是绝无仅有的。

苴却石微雕钢城攀枝花摆件

三、重现砚林的背景和因素

说到此处，或许有人会问，既然苴却砚的优点有这么多，那为什么直到20世纪才声名鹊起呢？经过分析整理，我们认为至少有如下几点因素所决定。

（一）国家开发钢城攀枝花

苴却石真正重见天日时，历史已经走到了1984年。客观地讲，苴却砚得以重新发掘、重现砚林首先是得益于国家对钢城攀枝花的开发。

在新中国成立不久，百废待兴，国家物资匮乏，为保障来之不易的胜利果实不致再落入他人之手，国家一方面积极大力发展生产，安定民心；另一方面，

钢城攀枝花雄姿

为防止美帝国主义及国民党反动势力的反扑，也在积极筹备各项国家物资储备。1956年4月，毛泽东在《论十大关系》报告中明确指出，工业基地必须有纵深配置。他把漫长的内陆边界线和东南沿海各省区划为一线；把临近一线的省区划为二线；把西北、西南纵深的山区划为三线。毛主席提出三线建设战略构想，有着极其深刻的历史背景，是基于对当时国际国内形势的科学判断而做出的一个高瞻远瞩的战略决策。

而攀枝花位于四川西南部、川滇交界处，在横断山区，地处攀西裂谷中南段，属侵蚀、剥蚀中山丘陵、山原峡谷地貌。山高谷深，盆地交错分布，地势由西北向东南倾斜，山脉走向近于南北，是大雪山的南延部分。地貌类型复杂多样，江河纵横，水源富足，山峦起伏，全年气候宜人，日照充足，不仅符合国家"三线战略"要求，最为重要的是在这个千年"不毛之地"发现了我国新中国成立之初所需的、储量丰富的钒钛磁铁等金属矿产资源，其中伴生钛、伴生钒及钴的保有储量位居世界第一。此外还有铬、镓、钪、镍、铜、铅、锌、锰、铂等多种稀贵金属，多个项目被世界纪录协会收录为世界之最。据相关资料记载："民国二十五年（1936），西部科学院受四川省政府建设厅之托，调查西昌、越隽、冕宁、盐源、盐边、会理、宁南七县地质矿产，费时半载，周历七县，实勘矿区五十余处……"据时任地质研究所所长的常隆庆认为"安宁河流域，矿产之丰，为西南诸省之完冠，而地处川、滇、康三省之交，有绾西南之势。诚能将由成都经西昌至昆明铁路筑成，则安宁

苴却盛开攀枝花

攀枝花市因市内遍植木棉（攀枝花）而得名,是全国唯一以花命名的地级以上城市。攀枝花是四川攀西地区最大的城市，也是四川南部地区最富裕的城市，还是四川省重点打造的四座大城市之一。是典型的资源开发型城市、工业城市、移民城市、山地城市。经过40多年的开发建设，攀枝花已发展成为中国西部重要的钢铁、钒钛、能源基地和新兴工业城市；荣获"全国双拥模范城"、"中国优秀旅游城市"、"全国社会治安综合治理优秀地市"、"国家卫生城市"、"中国钒钛之都"、"中国块菌之乡"、"中国苴却砚之乡"、"国家创业城市"、"国家首批新型工业产业化基地"等称号。

2005年荣获"中国优秀旅游城市"称号，2008年荣获"国家卫生城市"、"中国钒钛之都"称号。

图为以当地攀枝花为题材雕刻的苴却砚。

"祥和观音"摆件

现代　石眼、绿膘、火烙等　长45厘米　宽22厘米　罗氏兄弟石艺研究所制作

画面中的观音人性化地倚坐在岩石上，手扶巨珠，面目慈祥；面前的几只鸽子或翻飞或驻足观望，场面安宁祥和。

"秋蝉"笔添

现代　金黄膘、绿膘　长28厘米　宽18厘米　罗氏工艺厂供图

笔添精选苴却石材之金黄膘石，巧形为秋叶，俏色精刻鸣蝉，与秋叶呼应，其创意独特，造型生动，情趣盎然。

河流域，当为国内极佳之工业区。"

1964年5月，毛泽东明确指出："建不建攀枝花，不是钢铁厂问题，是战略问题。"他告诫全党同志："我们必须立足于战争，从准备大打、早打出发，积极备战，把国防工业建设放在第一位，加强三线建设，逐步改善工业布局。"

由此，攀枝花迎来了历史上前所未有的、天翻地覆的变化。攀枝花地区成为重点工业建设区。在随后的日子里，随着国家的支持，攀枝花建设飞速发展，使这一地区冲破原始的封闭状态，交通获得极大改善，大批工矿业技术人和各种优秀的人力资源蜂拥而至，促使当地的政治、经济、文化以前所未有的速度蓬勃发展起来。这一巨大变化，为苴却砚的再次开发创造了良好的社会环境和生产基础。

（二）倡导文化复兴的国策

1978年12月18日，党的十一届三中全会作出了把工作重点转移到现代化建设和实现改革开放上的决定，我国从此步入了改革开放和现代化建设的历史新时期。

1989年6月，中共十三届四中全会后，以总书记江泽民为中心的中国共产党带领着改革开放的中国迈向新世纪。我国自改革开放以来，各项事业飞速发展，令世界瞩目。

2002年11月8日，中国共产党第十六次全国代表大会产生了以胡锦涛同志为总书记的新一届中央领导集体，2007年10月15日，党的第

十七次全国代表大会在北京召开。会议上，胡锦涛总书记作了《高举中国特色社会主义伟大旗帜　为夺取全面建设小康社会新胜利而奋斗》的报告。报告在积极推进经济高速发展的同时，提出了文化复兴的伟大构想。报告指出要"推动社会主义文化大发展大繁荣"，要"建设社会主义核心价值体系，增强社会主义意识形态的吸引力和凝聚力"，要"建设和谐文化，培育文明风尚"，要"弘扬中华文化，建设中华民族共有精神家园"，要"推进文化创新，增强文化发展活力"。倡导文化复兴的国策为我国文化的大发展大繁荣指明了方向。

十六大以来，全国文化事业费累计超过1200亿元，2010年全国文化事业费为323.06亿元，与2005年的133.82亿元相比，增幅达141.4%。全国各级文化文物部门归口管理的博物馆、科技馆、纪念馆、文化馆、艺术馆、少年宫、爱国主义教育基地陆续向社会免费开放，增强了公共文化服务的影响力、辐射力、感染力。覆盖城乡的公共文化服务体系初步形成，人民群众的基本文化权益得到有效保障。公益性文化事业，单位内部机制改革不断深化，管理水平，服务质量显著提高。与此同时，国家还出台了一系列税收优惠政策，吸纳社会力量、民间资本参与文化事业，取得初步成效。在加大投入的同时，针对我国文化事业发展存在着地区差距、城乡差距的问题，文化事业费投入向西部地区、向基层一线倾斜。

也正是因为在国家政策的倡导下，我国传统文化中的文房四宝再次迎来了历史上前所未有的发展机遇，举国上下，各种石质砚的生产和加工方

"羌寨月夜"摆件

现代　石皮、褐黄膘、绿膘、青花　高38厘米　宽36厘米　天苑工艺供图

秋月当空，褐黄膘精刻的山崖上羌寨土楼沉睡在朦胧的月色中，崖脚下，河床蜿蜒，卵石裸露，想见秋水极清浅凉爽。

远山陡峻，峰顶积雪与月光交相呼应，熠熠生辉。

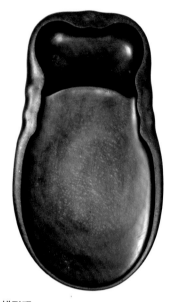

蝉形砚

宋代　歙砚　长21厘米　宽11.5厘米　高3厘米　紫颜供图

卧牛纹淌池砚

清代　黑端砚　长20厘米　宽12厘米　高3.5厘米　紫颜供图

兴未艾，各种展览展示会议层出不穷，尤以北京每年一届的"文房四宝"博览会更是一届胜于一届。攀枝花苴却砚的发展也取得了可喜的成绩。

（三）收藏市场的兴起

文化政策的推行，使我国文化市场冲破了原有的禁锢，开阔了视野，各种文化团体、单位以及各种民间文化艺术组织如雨后春笋破土而出，文化市场处处生机勃勃，显示出了强劲的发展势头。

从上世纪80年代开始，我国的收藏市场也在忐忑中摸索前行。在随后的30年中，随着相关政策的日益开放和良好的发展势头，加上一些电视、网络、书刊、报纸等各种媒体的宣传推广，在全国范围内，人们的收藏意识普遍增强，各种民间收藏品也越来越多，越来越贵重，大大小小的各种收藏品鉴赏鉴定活动也越来越多，专家也越来越多，鉴定鉴赏专家的足迹几乎遍及神州大地。收藏品市场就在这样的市场环境中，在很短的时间内便产生出了炙手的温度。

收藏市场的兴起，也使传统文化市场步入了明媚的春光之中，作为传统文化产业中的"文房四宝"基础产业，很快就恢复了生产，并在拥有广泛市场的基础上迅速地开了花、结了果，取得了前所未有的好成绩。砚便是其中之一。

大家知道，我们中华民族是一个具有悠久历史文化的国度，我国是"四大文明古国"之一。在漫长的历史长河之中，文明的诞生、传播与传承都离不开传统的笔、墨、纸、砚四大书写工具，各种文化艺术发展至辉煌阶段也少不了四大书写工具的鼎力支持。试想，那些精美绝伦的瓷器、那些温润如脂的玉器，甚至历代君王残酷严厉的律法，哪样又何曾离开过文房四宝？所以，我们可以毫不夸张地说，我们中华民族的兴起与文房四宝的发展是息息相关的。砚尤为如此。

在我们中国人眼中，砚是文化的象征，有着广泛牢固的群众基础，市场潜力巨大。也正是因为如此，沉寂了近百年的砚台在国家政策的倡导下，在收藏市场的推动下，在众多专家的点拨中再次迅速地成为收藏市场中的宠儿。

端砚如此，歙砚如此，洮砚如此，松花砚也是如此。值得庆幸的是，好在苴却砚不仅具有端砚发墨如油般细腻的质地，还具有比歙砚更为丰富的石色石品，更具有洮砚储墨不涸、不腐不臭特性，所以，苴却砚一经面世便立即引来了众多媒体和制砚、藏砚者的关注，在砚界、文化艺术界引起强烈反响。人们惊喜地看到：攀枝花这个全国仅有的以花为名的城市，不仅有闻名中外的高品质的丰富的钒钛资源，而且有储量丰富、品质一流的苴却砚石。正如邓小平视察攀枝花时所说，攀枝花"这里得天独厚"。能在这样的背景下发展，苴却砚真可谓是时代的幸运儿。

砚板

清代　豆瓣石　长16.5厘米　宽10厘米　高2.2厘米　紫颜供图

四、苴却砚石的矿物质结构

据地质矿产部成都综合岩矿测试中心鉴定，苴却砚砚石为"白云石绢云母绿泥石板岩"，在显微镜下呈现鳞片状结构和稀疏斑状结构。砚石的矿物成分为绿泥石、绢云母，占76.5%，白云石占25%～30%，含少量的石英、黄铁矿（针铁矿）及电气石、金红石等。在以绿泥石、绢云母为主组成的结构中，不均匀

中國名硯

"春华秋实"砚

现代 金黄膘、火烙、青花、石皮
等 长38厘米 宽18厘米 罗氏石艺供图

巧留彩色石皮，精雕金黄石膘，伴随石品石色的渐变，令瓜叶、瓜蔓愈加逼真、生动鲜活。

"一弯新月丽秋乡"砚

现代 绿膘、金黄膘、青花等 长32厘米 宽16厘米 厚德斋供图

在薄层绿膘和深色背景陪衬下，巧以金黄膘精刻的湖畔山岩、村舍，尤其灿然醒目。一弯新月娟娟跃出湖面，挥洒着如银的清凉。

地分布着呈自形、半自形粒状的白云石及黄铁矿（俗称石眼和铜钉）。不含任何放射性元素。岩石质地均匀，为泥质隐晶质结构，结构坚硬致密，细腻，触摸柔润。化学性能稳定。结构为层级板块，石色以翠绿、土黄、黑色为主。

刘演良之《端溪砚》一书认为：因为石英硬度较高，故砚石中石英数量愈少愈好。叶尔康在《端砚优异性能本源谈》一文中也认为："次要矿物在5%左右最宜"。其中，"赤铁矿含量在3%～5%，石英1%～2%被认为是最佳砚石"。端溪老坑青灰色泥质岩石品质最优，仅次于老坑的麻仔坑端石，石英含量为5%，而一般端石石英含量均在10%～20%左右，这是一般端石美中不足之处。

再者，次要矿物质必须颗粒细腻，而且分布均匀，否则必然有碍研磨，原因是次要矿物质在硬度上比主要矿物质高2～3，其形成硬度差。如果次要矿物质细腻，而且分布均匀则不仅无碍研磨，反而有助于提高研磨功能。我们看到，有的石砚（包括苴却砚），堂中聚集了许多铁质粉末，或黄、褐铁矿晶体，虽然美观，但磨墨的效果会大打折扣。

苴却石中主要矿物质为绿石泥、绢云母，其含量为砚石的70%左右（下岩苴却石和溪水苴却石超过70%）。白云石含量为25%左右。次要矿物质黄铁矿、石英、电气石、金红石等加起来为5%左右。苴却石主要矿物质粒径为0.01～0.05毫米左右；白云石粒径一般在0.0024～0.0066毫米左右；黄铁矿很细，粒径多在0.0011～

0.0024毫米左右，这样，就使苴却石不仅基本硬度处于2～3的较佳硬度，而且质地细腻致密。又由于苴却石中硬度较高的次要矿物质含量少，粒径细，呈雾状均匀分布，特别是石英（硬度为7）含量少，使苴却石柔中带刚，质坚性润；加之其特有的显微锒锷，使石砚既发墨不损毫又易磨，还增强了研磨功效。

五、堪比端歙的优良质地

就质地而言，我们可与砚中至贵的端砚相比。端砚粒径一般在0.01～0.04毫米之间（见《端溪砚》），而苴却砚粒径在0.0066～0.024毫米，比端砚细近一倍。苴却石颗粒十分细小，根据地质矿产部综合岩矿测试中心的测试报告：这样的苴却砚石不仅磨下的墨汁颗粒细，发墨好，而且很"受刀"，可以雕刻十分精细的东西。一块经水浸透的苴却石，用刀薄层刮削表皮即可见干燥的岩石，足见砚石的渗透力相当微弱，这是层内联结紧密所致。但若是层状剥离敲击，即使刀斧不至，砚石也可能呈层状、片状裂隙剥起，反之，若纵向敲击切割则相对困难得多。

这是因为苴却石主要矿物质绢云母的结构单元层由3个基本结构层组成，即由2个硅氧四面体层与1个铝氧八面体层彼此紧密相接，形成特殊的层状结构，形态上呈假六方片状、短柱状，苴却石主要矿物质各结构单元层借助钾离子联系，结构之紧密足以很好地阻止水分子进入其晶格中。这种特殊的解理如遇重力敲击，砚石易沿该解理面开裂成片，但砚石层内联系则相当紧密，这种结构既有很好的储水功能，又能经久耐磨。

另外，由于层状联结力较强，其奇妙的功能亦是

"雅韵"砚

现代　青铜石　长48厘米　宽23厘米　听石轩供图

巧以苴却青铜石俏其色、巧其形，刻为竹节砚，其形、其色竹韵浓郁，尤可观。

古今文人爱竹，不仅因其常青绿，节节高、不媚俗，尽雅韵，还因其心胸少狭隘，多包容。正所谓"峻节可临戎，虚心宜待士"，坚可作兵器上战场杀敌，柔能虚心与人交往，善哉。

很明显的：当适度的外力作用时，矿物层状联结体弯曲、形变而产生内应力，外力释放后，内应力使之很好地恢复原来的状况。这种人们称为韧性或弹力的特殊性质，使研磨获得古人称为"磨不滑"的很好的效果。

一方上乘的苴却砚，研磨时当墨锭作用于砚堂面时，由其内应力产生适当韧性，令墨锭有如一股神力黏附与砚堂面，"所谓如热熨斗上熔蜡时，不闻其声而密相黏滞者"（《负喧野录·论笔墨砚》）。"着水研磨，则油油然，若与墨相恋；墨愈坚者，其恋石也弥甚。"（《端溪砚坑考跋》）所得墨汁细腻均匀，水乳交融，黑亮沉凝，谓之发墨。又由于苴却石解面有排列整齐的特殊的显微锉锷，使研磨腻而不滑，"抚之如婴儿肌肤"，下墨效果极佳，堪比端歙。

石砚的下墨、发墨、益毫等效果并不单单决定于某几种因素，而是由许多因素共同作用。例如，除了上述砚石中主要矿物质的特殊性质及结构外，砚石中矿物质的硬度、粒径等也是很重要的因素。如果砚石中矿物质的基本硬度太高，或粒径太细，或砚石界面过分光滑无锉锷，其下墨效果一定很差，谓之打滑；如果砚石基本硬度不够，或层内联结力弱，则砚堂容易磨损，而且磨出的石浆与墨汁融合，所得墨汁灰暗无光，谓之不发墨；如果砚石矿物质粒径过粗或锉锷过显，下墨虽快，但所得墨汁颗粒粗糙，既损毫又不适宜书画……

"翠岭皓月"砚

现代　石皮、绿膘、熟褐膘、石眼等　长64厘米　宽35厘米　石语斋供图

月夜总赋予人太多的联想。古诗云："万影皆因月"。作者巧借熟褐膘、绿膘、石眼巧用，得暮山、翠岭、皓月砚。

画面月出东山，山水天地便鲜活起来，山岩、林木、屋宇一部分在月影里，一部分则畅亮许多。远山峰顶上的积雪也在月光下泛起银光。

"秋山"砚

现代　石皮、绿膘、彩纹膘等　长44厘米　宽36厘米　听石轩供图

碧云天，黄叶地，秋水连波，波上寒烟翠。山映斜阳天接水，芳草无情，更在斜阳外。

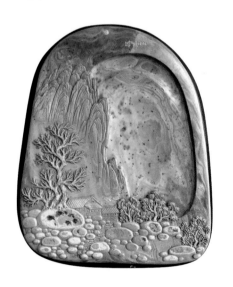

六、绚丽丰富的石品石色

苴却石产于中国四川省攀枝花市的金沙江畔，因用其制作石砚而闻名于世。就砚材本身而言，苴却砚除了具有优良的石质外，其石面生就"石眼"、"绿膘"、"金星"、"火烙"等诸多石品，其因色彩斑斓、丰富多变的石品石色被人们称为"中国彩石"，这也是其他名砚所难企及的。

单从石色看，苴却石的色泽有紫黑色、紫砂红和苴却绿等，其中以凝重的紫黑色石为主，其石色紫黑沉凝，石质细腻，腻而不滑，莹洁滋润，抚之如婴肤，有涩不留笔、滑不拒墨的特点。且石品花纹绚丽丰富，异彩纷呈。除此之外，苴却石还有石眼、苴却玉、金黄膘、金红膘、褐红膘、褐黄膘、翡翠斑、金黄斑、绿膘、黄膘、青花、天青、玉带、金线、银线、水纹、蕉叶白等石品。而其中尤以青如碧玉、红似金瞳、神怡鲜活的石眼最为著名。

苴却石之"眼"有四大特点：质纯、灵动、色绿、形大而多，此四点其他名贵砚石均不可比。所谓"质纯"，指石眼的质地纯净高洁，无瑕疵，无不好的杂质，"如玉莹，如鉴光"；所谓"灵动"，指石眼中有心睛，有环，有晕，三者微妙配合，千变万化，使石眼"睛亮瞳明"，富于灵动之气，"静而观之，如倾如诉"；所谓"色绿"，指石眼的色相碧绿如翡翠一般，历来爱家"贵绿色，贵多层，黄色次之，枯者为下"（赵汝珍：《石玩指南》）；所谓"形大而

"秋阳"砚

现代　金黄膘、黄绿膘、石眼、青花等　长47厘米　宽28厘米　石语斋供图

灿灿金光将山岩、松木、小屋染成金黄，牧童骑牛迎着朝阳向溪畔走去。正所谓：远山峻峭，秋风徐徐，童稚秋牧，其乐融融。

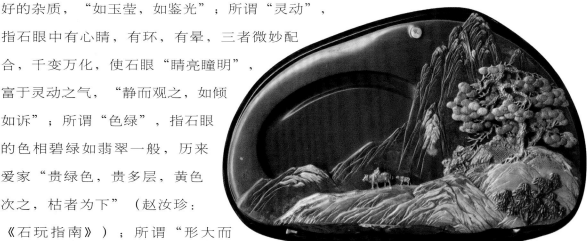

"涤尘"砚

　　现代　绿膘、翡翠斑等　长30厘米　宽23厘米　敬如石艺供图

　　斑斑点点的翡翠斑，又如漫天大雪，静静地荡涤着世间凡尘，颇为壮观。

"青铜遗韵"砚

　　现代　青铜石　长80厘米　宽74厘米　天苑工艺供图

　　以青铜石俏色，精琢青铜残器，其色、其形几可乱真，令人拍案。

多"，是指苴却砚的石眼大、数量多。苴却砚中石眼直径20毫米左右并不少见，最大的达63毫米，且石眼眼瞳炯炯、鲜活生动，此千古绝伦。而历来爱家对直径20毫米上的石眼都看得十分珍贵，且有"七珍八宝"之说，一方砚上若有七八颗石眼便视为珍宝，而苴却砚中一方砚有七八颗石眼不难找到。

　　在我国众多历史名砚中，洮砚、歙砚、鲁砚、贺兰砚等诸多名砚均有膘无眼，端砚有眼但膘不多，而苴却砚却是鱼和熊掌兼得。不仅有石眼，而且还有绿膘、黄膘、玉带膘、胭脂冻、水藻纹等珍贵石品，其绿膘鲜绿多彩，黄膘纯正亮丽，胭脂冻肉红柔和，复合膘由多种石品花纹混合在一起，膘色彩绚丽丰富，往往形成多姿多彩的天然水彩画。苴却砚的膘真是美不胜收，令人叹为观止。

　　当然，苴却砚在短短二十年的时间内得以重现砚林，除了以上诸多因素之外，还应归功于攀枝花石雕、砚雕艺人和众多攀枝花人的共同努力。如今，一座以钢铁、钒钛、能源、化工等为主的钢城已在攀枝花人的手中崛起，曾经荒无人烟的攀西裂谷充满了活力。不仅如此，攀枝花的艺术家们还创造出了以苴却砚为代表的很多富于地方特色和民族特色的旅游纪念品和其他艺术新品。除苴却砚外，艺术家们还创作出以苴却石为原料的文镇、印章料、摆件、挂件、烟缸、烛台、茶盘、笔架、笔筒、佩饰等非砚产品。曾经的"不毛之地"已发展成为独具特色、发展潜力巨大的新兴工业城市，成为长江上游一颗璀璨的明珠。

第三章

苴却砚石矿分布及其特点

一、砚石矿坑分布

苴却石有广义和狭义两种，前者是指产于古苴却地域、可做手工雕刻工艺品的天然石材；后者特指专门用来制作石砚的苴却石材。本文着重分析苴却砚石。

从行政区域看，苴却砚石产地位于四川省攀枝花市仁和区，其境内的苴却砚石资源储量相对丰富。主要分布在大龙潭彝族乡和平地彝族镇。其中大龙潭境内的苴却石矿区面积为2.11平方公里，预测资源量为1990万立方米；平地境内的苴却石矿区面积为0.2292平方公里，预测资源量为310.27万立方米。

苴却砚石矿点分布图

从矿藏的地理位置看，苴却砚石矿坑多位于金沙江南岸的半山腰，且连续形成矿带，矿带长约2000米，宽近500米，山坡坡度为70度～80度，地势极为险峻，采掘石料无法机械化作业，其过程全部为人工作业，采掘难度极大。此前，因开采苴却石材而坠下悬崖，或被湍急的金沙江水卷走而丧生者间有所闻。

苴却砚石的采石点很多，所得的砚石在色泽、硬度、石品、石质等方面也有很多差异，即使在同一个采石点采得的砚石也不定完全相同，有的甚至差异很大。本书就各砚石矿坑的地理位置及石料的基本硬度、基本石色进行了梳理，大致分为如下几种情况。

第一类，此类苴却石主要产于金沙江南岸陡岩的中、上层，称为中上岩苴却石，此类砚石为阳山石，部分矿源裸露，可直接开采，但地势险峻，下临凶猛湍急的金沙江水，陡壁千丈，采掘十分艰险。

中上岩苴却石硬度多在3左右，基本色泽青紫，石质细腻致密。扣之发清悦之声，多色泽碧翠高洁的石眼和绿膘。石眼睛亮瞳明，形大廓晰，为各类苴却石之最（在我们收藏的石眼直径为62毫米的石砚就在这类砚石中采得）。最常见的石品有"金星"、"火烙"、"金银线"、"显见水纹"、"墨趣绿膘"、"彩膘"等。用此类石材雕刻的砚手感温柔凉爽，细腻光洁，发墨如泛油，黑色相凝如漆，不损毫。加之石色鲜活生动，很为人们青睐推崇。此类石材在制作工具落后的过去，很少为制砚人青睐，而今则最为制砚、藏砚者看好，此类石材可制作兼具实用和观赏、品玩、收藏的高档砚。近几年新开发的苴却"瓷石"

苴却眼石之一

苴却眼石之二

苴却膘石（黄膘、绿膘）

苴却砚石之绿膘石

苴却砚石之青铜石

（彩石）多产于此类地区。

第二类，此类砚石主要产于金沙江边临水处，或水土保持较好的邻村山岩中，称下岩苴却石，其基调色泽黑紫沉凝，石质细腻温润，扣之声音抑钝如击水泥。此类砚石也多石眼、绿膘、黄膘，石眼之色有翠绿、黄绿二种，与第一类石料比较，前者含青色，而后者偏翠色，稍逊鲜活生灵，偏重凝练稳沉。下岩苴却石石品极丰富，多见"青花"、"冰纹冻"、"隐见水纹"、"鱼子纹"、"细螺纹"、"猪肝冻"、"胭脂晕"等，偶见"鱼脑碎冻"。砚石基本硬度为2.5左右，我们认为是苴却石中最佳研磨硬度。以实用价值而论，此类砚石为苴却石之最优。近几年新开发的苴却青铜石也主要产于此类地区。

第三类，此类砚石产于金沙江南岸长年溪水冲刷的低凹地，称水溪苴却石。估计其成矿年代较上述二类早，且长期保湿，故石质偏软（硬度约2左右）。水溪苴却石基本色泽灰紫、黑灰紫，扣之发泥、木声。多石眼和膘，其色泛黄，为黄绿色、黄色、黄白色。石眼不甚鲜活，睛、瞳、晕、环均远不如上述二类石材明晰。石眼及膘内常有黑褐斑混杂。用此类石料制成的砚，下墨较好，但发墨稍逊。多见风化裂隙，常有破损，制砚时需仔细选择（古苴却砚大多选用此类石料）。此类石料最常见的石品有"青花簇"、"冰纹"、"黄鳝纹"、"蛤蟆纹"、"麻雀斑"等，此类石材中亦有可制成价格昂贵的观赏砚的。

第四类，此类砚石主要产于金沙江河谷，长年为河水浸润，称河谷苴却石，其基调色泽黑紫，多绿膘，少石眼。砚石基本硬度约2.5，石质细润温坚。

第五类，此类石材产于安宁河谷地带，石材硬度偏软，多在2以下，其色泽复杂丰富，为灰紫、褐、红、黄等颜色之混合色，色彩斑斓，"金星"深入其间，石眼小而泛黄，由于"金星"和其他杂质硬度悬殊，石质偏软，不甚致密，所以发墨不理想，研磨有杂声，但下墨快，观赏价值极高。

目前苴却砚的生产主要选用中上岩苴却石、下岩苴却石和水溪苴却石。近年来又发现苴却绿石和苴却藻纹石，前者亦含石眼，后者藻纹多藏于石料中，均特细腻温润，但石质偏软，储量极少，亦很罕贵。其他石料还待进一步分析、比较、研制。

苴却砚石之瓷石（彩石）

二、主要坑口及砚材特点

从古至今，在苴却石漫长的开采历史进程中，金沙江南岸山坡上矿坑的开采逐渐形成了平地坑、大宝哨坑和花棚子坑三个主要坑口。其中又以位于攀枝花市仁和区的平地坑和大宝哨坑最为著名。

（一）平地坑

该坑位于陡峭的悬崖峭壁上，在砚石矿脉的中间地段。据传，古人在此采石，先用麻绳系于身上，由陡峭的崖口逐步下移，一直移到数十米处才能到达坑口采石，开采相当困难。出自平地坑的砚石石料石眼较多。其石眼眼形明晰，色泽翠绿，心眼圆正，环晕纯美。红睛、金睛、带环、带晕的居多。此外，平地坑以膘石和石品为其特色，膘石以绿色膘石为主，其石品有石眼、彩纹绿膘、玉带膘、墨趣绿膘、翡翠斑、火烙金线、银线等等。

苴却砚石之绿石

（二）大宝哨坑

大宝哨坑也以盛产眼石砚料而闻名，其石眼较

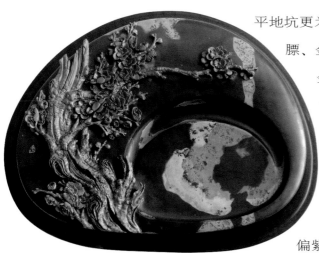

"腊梅朝阳"砚

现代　金黄膘、青花等　长27厘米　宽20厘米　高3厘米　听石轩供图

作者以金黄膘精刻腊梅，其色灿烂、热烈，如沐朝阳，在紫黑色的背景下，一树梅花生机勃勃，鲜活明亮。

"翰墨留香"砚

现代　绿膘、火烙、青花、石眼等　长58厘米　宽36厘米　石语斋供图

此件作品精雕传统文房中的砚、笔洗、笔架、墨盒及印泥盒等，具有浓郁的文房气息。

平地坑更为精彩，其石品有褐红膘、褐黄膘、金黄膘、金红膘、鳝鱼黄、黄膘、青花、胭脂晕、金线、银线等，其中，稀有的金睛玉眼、紫砂红石眼、白睛玉眼等品种亦出自这里。其膘石以鳝鱼黄等黄膘为主，绝品中之绝品的彩纹黄膘即产于此。

（三）花棚子坑

花棚子坑所出石料较之上述二坑色泽偏紫偏灰，有厚重沉着之感。但也有石品纹理丰富多彩的，而且绿膘、黄膘、金线、银线通通涵盖，品种花色较为完备。但该坑地势较低，储量较少，下临汹涌且涨落无常的金沙江水，采石风险极大。

三、其他

综上所述，我们看到，苴却砚石具有出众的石质、石色和石品，但更为重要的是，作为砚石来讲，首先是满足研墨和使用的基本要求，即达到了宋代米芾所言之"下墨而不损毫"，这是极难得的。由上述内容我们得知，从苴却砚石的分布、开采和石色、石品的情况来看，总体上的确出现了一定的规律和特征。但我们也应该知道，自然界中一直都存在许多我们未知的东西，正如人们常说"风雨无常"一般，地质的变化我们未知，砚石亦然，自然苴却

砚石也不能例外。

经过分析总结，我们认为对砚石进行实用价值的分析时，以下几种情况不应忽视。

首先，同一地区的砚石通常又分为若干品类，其性质差异是很大的。如山东盛产石砚，我们将山东省内所产之砚如红丝砚、紫金石砚、淄石砚、徐公砚、温石砚、田横石砚、金星石砚等等统称为鲁砚。但这是广义上讲的，真正跻身中国名砚行列的，一般公认是产于山东益都县黑山及临朐县的老崖崄里等地的红丝石砚。而且就红丝石砚而言，也有上品、下品之别。

其次，同一地区的同一砚品，通常又分若干采石坑，各坑砚石往往差异很大。如端砚，自唐武德之世初开采至今，可采石处数十坑，但能出佳品的仅老坑、宋坑、麻仔坑、坑仔岩、梅花坑等几处。而且，无论是开采初期、中期还是后期，都常常不能如愿采到较好的石材。《古玩指南·砚》就介绍说："端石发现之始系在唐武德之世，初开之始并无佳石。"以有名的老坑而言，已被历代开掘得洞穴遍布。"今世所称之'永乐坑'、'成化坑'、'宣德坑'、'万历坑'者皆其遗迹也，然所得石率无奇异者。"顺便说一下，因为好石难得，所以不少人走上了假冒伪劣之歪门邪道。端砚之伪制伪售，早在宋朝时就相当盛行。因当时开采端石系由皇宫下令每年作为贡品交纳，很为罕贵，引得士大夫竞相收藏之。于是，端溪附近农民便"四出采取他山之石，负运来端，改制为砚以惑人者"。"端溪附近有村曰'黄冈'，居民甚多，自宋以来即以石为生。常取端溪附

"清风"砚

现代　苴却青铜石　长64厘米　宽31厘米　天苑艺苑供图

作者以苴却青铜石天然石色精琢一竹节，色黄褐古雅，以绿膘巧雕风中枝叶，尽显劲节。

"野居"砚

现代　藻纹石皮、青花、绿膘等　长47厘米　宽31厘米　厚德斋供图

作者巧妙地运用石材天然藻纹石皮及青花，以绿膘精琢山石、树木和茅屋，意境幽远。

"笡箩"砚

现代　青花、金黄膘、绿膘　长13.5厘米　宽9.5厘米　高3.6厘米　敬如石艺供图

"一言九鼎"砚

现代　青花、火烙、线等　长70厘米　宽42厘米　敬如石艺供图

此砚以青铜石雕刻了九件大小不同的青铜鼎残器，并辅以各式青铜钱币为饰，使作品构图更加和谐、完美。九鼎饰以一砚，取"一言九鼎"之意。

近之石冒为端石。有时得有与端溪脉理接近之石，气、颜色亦足乱真。今世之所谓端砚者，此物占十之二三焉。""以它石充端石，劣石充佳石乃系伪售……。"（《古玩指南·砚》）

再者，即使同一坑口所出，所得砚石也常常出现很大差异。如山东青州红丝砚，往往会出现同一坑口所产石料有的较好，而有的剖开之后，在石体内部就生有大量的不规则的蜂窝，以致难成砚材而废弃。这种情况在红丝砚产石的地方极为常见，因此，也有人认为红丝砚石材较少，往往以高价示人。

鉴于以上原因，本书仅以攀枝花仁和区所产苴却砚作为阐述对象，尽管与苴却石产地不远的会理、米易、红格、盐边等地，也发现若干可做砚的石料，甚至有的砚石与苴却石在石色、纹理等方面看起来大致相像。但我们认为，除会理外，由于至今尚未发现能与本书所论及的苴却砚石相比的砚石，故本书不予专门介绍。

第四章

苴却砚的石品划分

本书所说的"石品"和"石品花纹"不是同一个概念，前者包括石质砚材的石色、石眼及石品花纹等，是人们通过观赏石砚整体而获得的较完整的视觉效果，是指砚材的颜色和石体上天然形成的各种彩色斑纹、肌理等。而"石品花纹"是掺杂在砚石主要矿物质上且与主要石色有明显色差的其他矿物质集合体。我们知道，砚石是由各种矿物质融渗、化合而形成的，在这个复杂而漫长的融合运动中，不仅形成了由若干矿物质紧密结合的基本岩石，而且形成既属于整体岩石中的一部分，又相对独立于基本岩石的岩石局部。这些相对独立的矿物质集合体，在色泽上，或矿物质构成上，或物质性质等方面明显不同于基本岩石，这就形成了通常说的石品花纹。根据这些彩色斑纹、肌理某些特征，人们时常借助生活中的某些熟悉的物体或者形象为之命名，以便于理解和加深印象。

在我国历代石质名砚中，石品无疑都是非常常见的，有些砚种还有丰富绚丽的石品花纹，而且每种砚石均有不同的石品特征。单从石色的总体情况看，就如端石石色尚紫，歙石重黑，洮石崇绿，红丝石则以色红如霞而闻名等等。如按石品花纹的色彩、纹理和形象看，则更是复杂多变，名目繁多。如端砚的石品花纹就有以颜色命名的天青、玫瑰紫、蕉叶白等，还有以形象命名的石眼、金银线、黄龙、彩带等，还有以肌理特征命名的五彩钉、虫蛀等等。

"灵秀"砚

现代 绿膘、金黄膘、线 长40厘米 宽17厘米 罗氏石艺供图

竹竿上枝叶边静静伏着一只蜘蛛和一条蜥蜴，二者一上一下，一黄一黑，把斯竹节砚点缀得更加灵动秀美，黑色的背景也将一枝新竹衬托得更加灵秀。

"翠岭牧歌"砚

现代 银线、绿膘、胭脂晕等 长60厘米 宽33厘米 罗氏石艺供图

作者以高远的形式表现了一幅山间牧归图。画面中远山缥缈，中景苍松翠柏间几家茅屋隐显，近处一组牧归牛群在牧童悠扬的歌声中踏歌归来，俨然剪影，意蕴悠长。

一、苴却砚的石色及石品概说

（一）石色

石色是指砚石的基本色调，亦是砚石主体矿物质的总体颜色。砚石之所以呈现不同的石色，这是由砚石中矿物质的种类及其含量、粒径、硬度、联结方式以及干湿度等原因决定。

苴却砚石的主色调为黑色透紫。在这一基色调中，各坑口所产砚石的石色又有变化。例如，中上岩的石色黑紫偏青蓝，色泽鲜活；下岩的石色则黑紫沉凝，偏紫和黑色；水溪石石色黑紫偏灰黄，如此等等。

一般认为，石色紫黑沉凝的砚石硬度、温润度、致密度均较适中，故研磨性能最佳，此类砚石大都产于金沙江边下岩，扣之发泥、木声；而黑紫偏青蓝的砚石硬度稍高，稍干燥，颗粒细腻致密，此类砚石多产于金沙江中上岩，扣之发清越之音，色泽鲜活明快，观赏价值极高。水溪苴却石石色偏灰黄，表明砚石结构不甚致密，过于润泽，偏软。正因为如此，有经验的砚工及鉴赏者根据砚石的石色而准确无误地区分同类砚石的优劣档次。显然，石砚的石色与石质之间有着某种必然联系，这是石品价值的一个方面。当然，不同类别的砚石或同一类砚石在不同坑的石色是有很大差异的，据此判定砚石的品质是一个具体的经验范畴，决不可一概而论。

（二）石品花纹

以上仅是对苴却砚石总体特征的简单划分，但事实上，苴却砚石的石色、石品、肌理特征要丰富得多。以下主要分析石品花纹。

苴却砚石的石品花纹极丰富，且各品类之色

"荷塘季雨"砚

现代　金黄朦　藻纹绿朦　长30厘米　宽19厘米　天苑工艺供图

作者以金黄色的石色巧雕以荷塘荷叶上的两只螃蟹，以藻纹石皮琢为荷叶。如螃蟹静听着雨季中雨滴滴落在荷叶上的滴答声，安静祥和，鲜活生动。

"农家乐"砚

现代　复合黄朦　长21厘米　宽10厘米　罗氏石艺供图

作者以黄褐色的石色巧雕以农家秋收之实，石体中伴生的青花、火烙令玉米和核桃栩栩如生，具有浓郁的农家气息。

眼石、线

膘石

青铜石

泽、石纹差距较大，特征显著。我们首先根据各石品花纹的总体特征，大致地将苴却石分为"眼石"、"膘石"、"青铜石"、"彩石"、"绿石"五种。

其中"眼石"石色基本多为紫黑色，也有青紫黑色、黑色、褐黑色，石体伴生有数量不等、大小不一、色泽不同的石眼为主要特征。其石眼形状多为圆形或椭圆形，以椭圆形为多，少有正圆形。石眼颜色大多为翠绿色，少数为绿色、黄绿色。在通常情况下，基本石色偏青紫黑色、紫黑色的石材，其上的石眼均偏翠绿、碧绿色，而且石眼大多睛亮瞳晰，晕环清楚，少杂质，稍事打磨即鲜活明亮，如珠宝碧翠高洁；如果石材基本色泽偏灰黑、褐黑色，则其上石眼也多呈灰绿、黄绿色，虽然睛瞳晕环也清晰，但眼中往往掺有黑褐色杂质。基本石色为青紫黑色、紫黑色的石材，较基本石色为灰黑色、褐黑色的石材稍硬，以观赏价值而论，前者明显优于后者；但若以实用价值而言，前者下墨稍逊后者，但发墨效果尤佳。

与中国其他带眼的砚石相比，苴却眼石一般石眼较多，纯净无眼的石材反而较少。

"膘石"是在紫黑色石层中夹生有或黄或绿或褐或红的石层，状如猪肉中肥瘦兼有的五花膘肉。可笼统地划分为有"黄膘"石和"绿膘"石两大类，常简称为"黄膘"和"绿膘"。根据膘层的渗入状况及晕渗其他石品花纹的程度又可分为"纯净绿膘"、"纯净黄膘"、"彩纹膘"、"褐黄膘"、"褐红膘"、"墨绿膘"、"玉带绿膘"、"彩线膘"等多种。

特别需要说明的是，文中所述的"眼石"和"膘石"只限于大致上划分，在实际的制砚实践中，"眼石"和"膘石"有时候很难截然分开，"膘石"带"眼"，"眼石"有"膘"是常有的，这种"膘"、"眼"共生一砚的状况又分为三种类型。一种是"膘"、"眼"分别生长在砚石的不同层面，也就是说一方砚中既有紫黑色石层，又夹有"膘"层。石眼生长在紫黑色石层中，通过雕刻者的巧妙设计，既巧用了"膘"，又启用了石眼，令砚作膘、眼辉映，充分利用了苴却砚石品花纹的特点，而且增加了砚作的观赏价值和经济价值。这种情况在砚作中占绝大多数。其次，因石材中的"膘"厚薄不一，所以"膘"、"眼"基本上处于同一个层面，二者可能会不规则地伴生于紫黑色石层中。这种情况在砚作中较少。还有一种类型就是石眼伴生于"膘"中，因为石色相近，石眼与"膘"之间的界限不甚明朗。此种情况在砚作中极少见。

比较而言，上述三种情形中，"绿膘"与"石眼"共生于一方砚中的情况较多，"黄膘"与"石眼"共生于一方砚中，且在同一个层面上的情形就要少得多，因此就显得极其珍贵了。再如果黄膘中的石眼偏绿色，那就足以说是凤毛麟角、至罕至贵了。

"青铜石"石色基本为褐绿色、褐黄色，也有伴生褐红色等混合石色的，相邻的石色无明显层次分界，诸石色往往你中有我，我中有你，自由晕渗，过渡天然，既有明显色块差别，又浑然一体，有痕无迹。青铜石较眼石、膘石层间结构更为紧密，更适宜圆雕。用这种石材做成的青铜古器砚，通体透着古雅、沉稳、凝重、华贵的韵味，耐人寻味，极珍贵。

"瓷石"又称"彩石"，为当地约定俗成的一

瓷石（彩石）

绿石

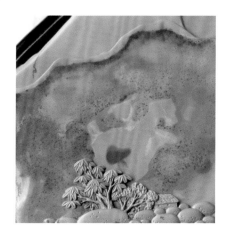
彩纹绿膘一

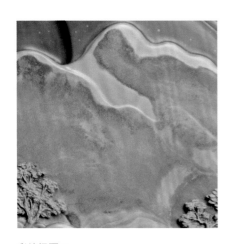

彩纹绿膘二

种称谓。因何而名不得而知。此类石材中往往夹有红色、黄色、绿色等厚薄不一的膘层，这些膘层因为足够细腻和坚硬，玉化程度较高。因不利研墨，在古苴却砚中极为少见，新制砚作也有较长一段时期无人问津。或因硬度较高，较难加工，或因石色斑斓艳丽，较难设计和俏色雕刻，现今有人尝试将其加工成笔洗、鱼缸、果盘、收藏观赏砚等，才发现此类石材的绝妙特质，认识到了其奇特的观赏、收藏价值。

又因此类石材中有的彩色夹层经雕刻、打磨后呈半透明状，色相喜人，极温润艳丽，所以有人又称其为"苴却玉"。

"绿石"因石色通体呈灰绿色、嫩绿色而得名。其石色大多不与其他色层混杂，无膘层，只存在灰绿和嫩绿的过渡，很容易与绿膘石区别，偶见有伴生的色泽相近的石眼，也不够鲜亮。此类石材软硬适中，尤其细腻，研磨性能极佳，且层间联系非常紧密，更适合精微手工雕刻。但石材储量极少。

二、石品花纹与砚质优劣诌议

无论是古代还是当今，都有人把砚石的石品花纹分为佳品和瑕品而区别对待。如有人论及端石时，常将"青花"、"鱼脑冻"、"蕉叶白"、"天青"、"火捺"、"冰纹"、"胭脂晕"等称为优质石品，而将"翡翠纹"、"黄龙"、"玉带"、"金线"、"银线"、"水线"、"麻雀线"、"猪

"山乡秋浓"砚

现代 石皮、黄绿膘 长61厘米 宽38厘米 苏良国供图

皓月当空，夜色朦胧，秋色染黄了远山顶峰、近坡低树以及茅屋和牧归的童子和水牛，随着幽远的牧歌，山乡的秋意融入浓浓的归返喜悦中。

鬃眼"、"油涎光"、"朱砂钉"、"虫蛀"等称为
"石疵"或"石病"。

人们将石品花纹分为优良和瑕疵的依据
是什么呢？其目的和意义又是什么呢？参
阅有关谈论石品花纹的论述，我们始终无
法找出答案。我们也设想过几个判别标
准，经整理分析如下，以飨读者。

（一）从石品花纹的实用价值看

的确，许多被称为优秀的石品花纹，其包含的
矿物质在硬度、粒径、结构等方面几乎相同甚至优于
其他非石品花纹的矿物质的性能，而且与周围矿物相
互渗透，融为一体，不仅不妨碍而且有助于研磨。如
"鱼脑冻"在端石中被认为是最细腻、最幼嫩之处，
质地高洁，滋润温柔，其生长在砚石中，有利于提高
研磨性能；"蕉叶白"也是如此，古人认为："蕉叶
白者，石之嫩处，膏之所成"，石嫩尤其发墨。此
外，"天青"、"冰纹冻"、"胭脂晕"等石品花纹
的实用价值也很为古人看重。

"青花墨韵"砚

现代　石皮、金黄膘、青花簇　长44厘
米　宽29厘米　苏良国供图

设计独到、刻工精练是斯砚的看点。巧
留天然石皮，巧留天然金黄色石层，或喻彩
云，或成土坡，其中深蓝色青花簇如水墨点
苔，别有水墨韵味。

但是，这些石品花纹无论怎样优秀，毕竟只是
石材中的局部，有的石品花纹甚至只是石材中的点
缀，而且这些石品花纹常常又不生长在砚堂之中，与
研磨并无多大关系。再说，即使这些石品花纹正好生
长在砚堂中，由于它不可能遍布整个砚堂，所以仍然
与砚堂内其他砚石的矿物在硬度、颗粒致密度、石性
温润等方面存在差异，这样就必然有碍研磨。

苴却绿石

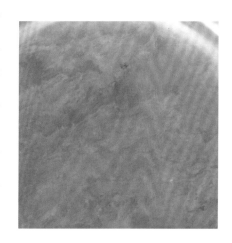

而且，有些被称为优秀的石品花纹，不仅不利
于研磨，而且对研磨起妨碍作用。如"火烙"，其
主要矿物质为赤铁矿或黄、褐铁矿粉末，硬度在5以

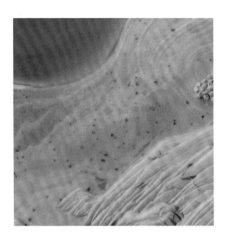

彩纹绿膘

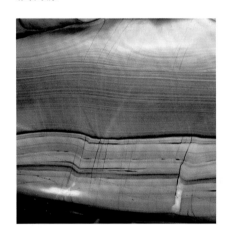

玉带绿膘

彩纹玉带膘一

上，在成岩过程中，这些铁质粉末由于某种原因未能均匀分散于岩石中，而是相对聚集在一起形成铁矿页岩。"火烙"如生砚堂中，由于其硬度较周围矿物质高，颗粒也不够细腻，必然造成砚堂内的硬度差和粒径差，这对于研磨来说是不会有什么好处的。又如，"金星"，其实是尚未融解化合的黄铁矿、赤铁矿，其硬度超过基本硬度2以上，加之"金星"并不如粉尘分布均匀，而是呈明显的晶体，如果分布在砚堂中，对研磨也不会有益处。

这样说来，以石品花纹本身的实用价值为标准划分石品花纹的优劣是没有充分理由的。

（二）从石品花纹的观赏价值看

从有关资料看，古人对一些被称为优秀的石品花纹有许多赞美之词。例如，《宝砚堂砚辩》形容"鱼脑冻"为生气团团奕奕如澄潭月漾。《砚史》赞美"鱼脑冻"白如晴云，吹之欲散，松如团絮，触之欲起。赞美"天青"如秋雨乍晴，蔚蓝无际；赞美"火烙"灿烂若明霞等等。

但是，一些被称为石疵的石品花纹其形态未必就不丰富和谐，其色彩未必就不绚丽多姿。例如，"翡翠纹"，《曝书亭集》曰："凝绿若洒汁谓之翡翠。"《砚坑述》说："翡翠有重绿、浅绿两种，或成块，或斜纹，无妨于墨。"试想，在紫黑的砚石中天然点缀着"重绿"、"浅绿"的色彩，即使不予"用"，只需保持天然形色，即可使石砚增添不少生气，怎么会"不适玩"（《砚坑述》语）呢？倘若根据此石巧妙设计，精心雕刻，岂不更妙？再说"翡翠点"即使生长在砚堂中，虽然破坏了砚堂的净洁，但由于它"无妨于墨",并不影响研磨。这一点上，至少比"火烙"要优秀一些。"火烙"尚且不是石疵，"翡翠斑"何疵之有？

又如"金线"、"银线"、"黄龙"。黑紫的砚石上，有金黄或银白之纹线，或三五横斜，如闪电划破黑夜；或穿插、交织，似柳枝随风飘曳；或径直穿透，像江河直泻千里；或粗细相间，如水线勾画山川……制作苴却砚，若遇此类石品花纹，制作者虽然颇费匠心，但常认为这正是施展艺术构思的绝好机会，因而只存感谢大自然之恩赐之心，绝无美中不足之感，更不敢对这些石品花纹有丝毫报怨之意。

此外，宝光闪烁的"五彩钉"，天然成趣的"虫蛀"，洁白圆润的"玉点"……无一不为石砚增辉添彩，将其称为石疵实在没有理由。贵州"思砚"其有金星的更罕贵。

显然，以石品花纹的欣赏价值判定其优劣也失之片面。

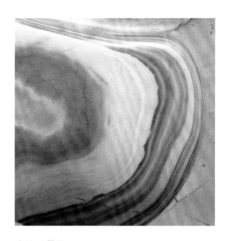

彩纹玉带膘二

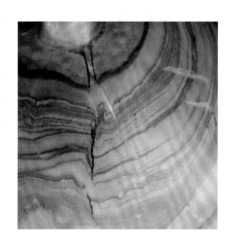

彩纹玉带膘三

（三）从石品花纹的石质状况看

石品花纹往往表现出石质的某些特征。前文已述，不同的石质往往对应生长不同的石品花纹，人们根据石品花纹的状况可以大致地鉴别出石质的情况，但这并不等于说，有优良的石品花纹的砚一定都优良，有石疵的砚石一定不是优良砚石；这也不等于说，优良的石材上必有优良的石品花纹，不优良的石材上必有石疵。因为某种石品花纹之所以存在某块砚石中，既有内在的必然联系，又有外在的偶然联系。

在端石名坑所得的佳石中，常常既生长着被称为优良的石品花纹，同时也生长有被称为石疵的石品花

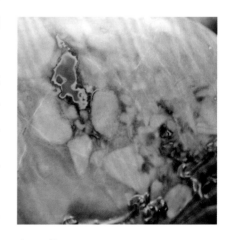

彩斑玉带膘

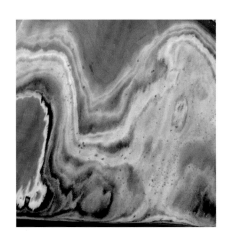

彩色瓷石

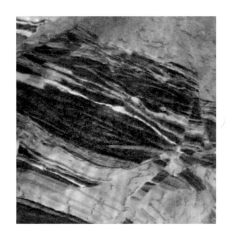

彩纹石

青铜石

纹。例如，端溪名坑水岩石中，常见的主要石品花纹就有被称为优秀的"冰纹"、"火烙"等，亦常见被称为石疵的"金银线"、"斑钉"、"油涎光"等。《端溪砚谱》记："西洞每一石分四层。第一层名天花板，色紫赤，多斑钉，第四层，名底板，色青黑，多筋纹，间有净者面，作油涎光。"《宝砚堂辨》说：被称为石疵的"五彩钉"常被一些砚工镶嵌在其他坑石中，"以欺人不可辨"。端石中被人认为是最上等的石品花纹的"鱼脑冻"、"蕉叶白"、"青花"等在名坑大西洞则非常稀有难得。而且其名贵石眼在大西洞也不多见，而多见于石质稍次的坑仔岩石中。

麻子坑是仅次于老坑的有名的采石坑，其石品花纹同样有所谓优秀的"鱼脑冻"、"蕉叶白"、"青花"、"火烙"等，亦有"金银线"、"油涎光"等所谓石疵。

这说明，无论是被认为优秀的石品花纹还是作为石疵的石品花纹都可能同时生长在优质砚石中，这样一来，鉴别某类砚石的真伪、优劣，除了看"优秀"石品花纹外，看"石疵"也能做到。换言之，如果说一些被称为优秀的石品花纹可以证明该石材的优异，那么，石疵可以起到完全相同的作用。再说，若因自然原因（如风化、重力）引起断裂，或因切料等人为原因造成某块砚石中只有被称为石疵的石品花纹，而无优质的石品花纹，则以此判别砚石的优劣，势必大错。因此说来，从石品花纹与石质的关系方面看，也没有充分理由将石品花纹划分为"优秀"与"石疵"。

当然，除了上述我们设想的三种情况外，也许有人将石品花纹分为优劣另有一番道理，这里不必过多地去考究。而且，大多数制砚者、藏砚者对将石品花纹作优劣划分是不以为然的。

我们不能否认，苴却石与端石的石品花纹的确有许多相似之处，也不乏明显的区别，但无论如何，就苴却石而言，我们有充分的理由认为，将石品花纹划分为优劣等级是毫无意义的。

若论石疵，砚石中所有的石品花纹均可归属于石疵。但有瑕疵，在许多重要的意义上讲，并不意味着是缺点。人们知道，广博、神秘的大自然从来以万物的不完美来表现其真、善、美。任何东西，一旦尽善尽美、完美无瑕时便立刻失去其真实，从而不再完美。鉴别真正的碧玉与假造碧玉的一个重要标准就是看其是否有天然瑕疵（绵纹）。瑕不掩瑜说的就是这个道理。因此，有此天然石疵，足可以判别苴却石的真实性，此很难伪作。（而今市面上，确实发现有用石粉合成的苴却石材。）

就观赏价值而论，我们认为所有的石品花纹均可一视同仁。正如画家不以优劣论色彩，作曲家不以优劣论音符一样，石品花纹本身无所谓优劣。石品花纹的优劣取决于制砚者对它们"用"的技巧。艺术的天地是无限广阔的，倘若不囿于传统模式，大胆创新，则任何石品花纹在砚石中出现都将成为制砚者驰骋艺术疆场，施展艺术才能的机会。我们欣喜地看到，苴却砚的研制者在对石品花纹的处理上已经探索到了一条自己的道路。

若以石品花纹的实用价值而论，石品花纹自身对于研磨的功用是微不足道的。值得探索的是石品花纹与石质的某些必然联系。根据我们的经验，一般可以

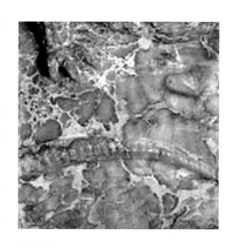

彩斑膘石

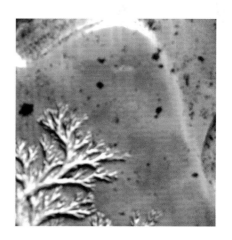

褐红膘

褐黄膘

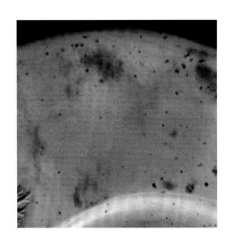

胭脂晕黄膘

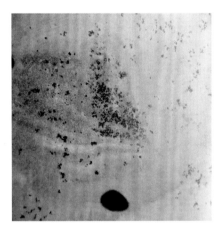

绿膘、青花、火烙

墨晕绿膘

从石品花纹的品类、形状、质地、色泽等多种外在表现大致地了解茝却石的石质情况。但是，这将同石品花纹划分优劣等级是根本不同的两个问题。

按古人对端砚石品花纹的分析，的确也有几种所谓的石品花纹是不足取的，茝却石也有这种例子。但是，通过下面实例的对比说明：这类被古人称为石疵的石品花纹，其实不应该列入石品花纹之列，其与砚石品质并无多大关系。例如，"铁线"、"水线"，其实是砚石的新近裂痕，前者明显，后者较隐蔽。此类裂纹由于断裂的时间较短，来不及在地矿运动中与砚石本身弥合，因此遇水则浸入。"若于线上击之，则应手而断。"（宋《端溪砚谱》）对于此说，我们已有多次经验。所以茝却石选料时，一定要通过敲击、水浸等方法反复检查，一旦发现裂隙，石质再好，石色再美，也只能弃之或改制成小砚，即使在石砚已生产出来以后又发现裂隙，也同样弃之而不足惜。

三、茝却砚坑口、石品及质地

如前所述，石品花纹与石质的关系是很紧密的。我们试从坑口的位置、砚石内的矿物质，说明诸多因素对砚石质地的影响。

（一）坑口地理环境对砚质的影响

以下对下岩茝却石、中上岩茝却石、水溪茝却石三类石材的石品花纹与石质的关系，略作分析。

产于金沙江中上岩的茝却石，因处向阳地带，离金沙江水较高。砚石硬度约3左右，发墨优于其他诸石，然下墨稍逊他石。

此类砚石最常见的石品除了"玉带绿膘"、"墨趣绿膘"、"青翠绿膘"、"彩纹黄膘"外，还有

"熨斗块火烙"、"彩纹火烙"、"彩线"、"金星"、"显见水纹"、"翡翠斑"、"油涎光"等。这些石品花纹如"显见水纹"、"熨斗块火烙"、"油涎光"等就很难在其他坑口的苴却石品类中发现，即使生长在别的苴却石品类中，其硬度、粒径、色彩等均有较大差异，如"翡翠点"、"玉带绿膘"，在中上岩苴却石中偏青翠绿色而在别的苴却石品类中则偏嫩绿色或黄绿色。

下岩苴却石临金沙江水，地潮湿，石质较上岩石稍软，更滋润温柔。因此，下墨比上岩石稍快，但发墨稍逊。

此类砚石常见的石品花纹有"青花"、"胭脂晕"、"冰纹"、"隐见水纹"、"马尾火烙"、"彩线"等。

水溪苴却石风化程度较高，裂隙较多，硬度偏软，其主要石品花纹有"冰纹"、"鹧鸪斑"、"青花结"、"隐见水纹"等。有时，此类砚石有"黄鳝纹"、"胭脂火烙"、"金银钱"等色彩艳丽的石品花纹，其砚石与同类砚石相比，硬度偏高，更适宜研磨。

（二）砚石中矿物质的不同对砚质的影响

不同的砚石之所以与伴生的不同的石品花纹相对应，当然与砚石的形成、演变的年代及砚石周边的地质环境有必然联系，而且，这里面既有石质决定石品花纹的因素，又有石品花纹决定石质的因素。可以说，它们是互相影响，互相决定的。

首先，砚石中杂有许多品质、硬度不同的矿物质，通过参加矿物质的大融合运动，必然使砚石整体硬度及其品质发生相应变化，其表现出来的便是某类

彩纹绿膘

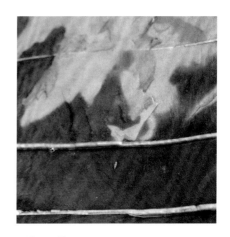
石线之彩线

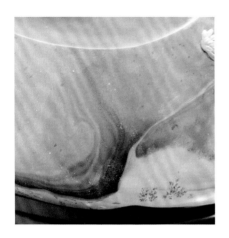

胭脂晕、火烙、青花

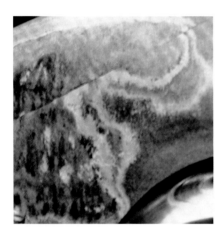

彩纹膘

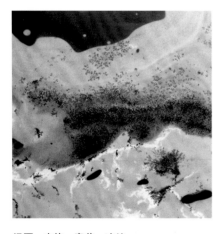

绿膘、火烙、青花、冰纹

石品花纹与某类石质的必然对应关系。这就是为什么有"金星"、"火烙"、"彩线"、"水纹绿膘"等石品花纹的砚石，其石质相对于同类砚石都偏硬的原因。从这个意义上讲，石品花纹在一定程度上是决定石质的。

其次，同样是碳酸盐或其他矿物质填充砚石裂隙，为什么在有的砚石中形成"冰纹"，而在另一些砚石则形成"金线"、"银线"？同样是铁质矿物质晶体或粉末之晕渗、集聚，为什么在有的砚石中形成硬度适宜的"绿膘"，而在有的砚石中则聚集成"火烙"或保持"金星"晶体？显然除了地质年代的差异和地矿运动的差异外，不同砚石的性质对进入该砚石的矿物质的影响作用也是很明显的。例如。从"冰纹"和"彩线"的形状看，二者的纹理显然有明显的差异。（"彩线"呈硬直的线状，而"冰纹"则多为弯曲蜿蜒形状，而且多分支。）这说明，在砚矿形成后，在某种足以引起砚石震裂的运动打击下，石质较细腻滋润、柔韧的砚石出现"冰纹"裂隙，而石质较细腻、坚硬的砚石则出现"彩线"裂隙。我们还可以想象，虽然填充裂隙的矿物质大致相同，但由于砚石的品性不同，必然影响到砚石内各矿物质晕渗、同化等的程度不同，以致形成在硬度、致密度、干湿度等方面有明显差异的不同石品花纹。如"冰纹"与"彩线"；"火烙"与"绿膘"；"青花"与"鹧鸪斑"等。当然，不同石品花纹形成的原因远不是这样简单的，如不同砚石的矿物质含量比例，混杂别的矿物质的地质年代，砚石所处的环境条件，地壳运动的不同状况等等。从这个意义上讲，石质又是决定石品花纹的。

（三）如何根据砚石石品花纹判断石质

第一，有的石品花纹如"彩线"、"绿膘"、"火烙"等在各类苴却石中均可能出现，如果笼统地简单地就这一现象而言，则很难说清石品花纹与石质的对应关系。但是，对不同砚石中的石品花纹作更细致的观察分析，则不难发现，同一石品花纹在不同类的苴却石中明显地表现为不同的状况，因而明显地或隐约地体现着不同砚石的特质。当然，别忘了对石品花纹的色泽进行对比分析。

例如，下岩苴却石的"绿膘"、"翡翠斑"均多为翠绿色、黄绿色；而在中上岩苴却石中，这些石品花纹多为青翠绿色或翠绿色。又由其硬度的不同，在手感上有差异，在视觉效果上也不一样：下岩苴却石的这些石品花纹抚之更细润湿柔；中上岩苴却石则细腻光洁；下岩苴却石的上述石品花纹看上去更沉着凝重，中上岩苴却石则更鲜活光艳。

又如，"彩线"除了我们上面谈到的，在地质年代较长的砚石或某类砚石已经融渗成了"冰纹"外，在不同的采石坑发现的砚石上的"彩线"均不相同：在中上岩苴却石中，"彩线"较硬，与周围砚石的联结也最不紧密，如果沿"彩线"重击，常可能从线上断裂；但在下岩苴却石中，尤其是水溪苴却石中，"彩线"要较软一些，细腻一些，颜色也偏灰一些，"彩线"与周围砚石的联结也要紧密得多，一般很难沿线断裂。

第二，有的石品花纹多出现在某类苴却石中，而在其他苴却石中只是偶然出现。例如，"金星"、"铁烙"、"油涎光"、"墨趣绿膘"等石品花纹，

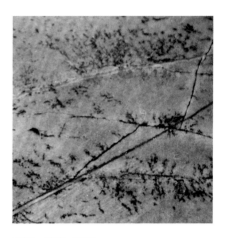

石线、绿膘、青花

石线、绿膘、青花

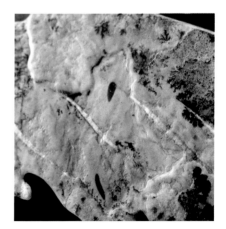

绿膘、石皮、青花、银线

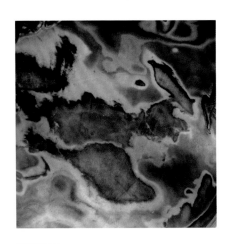

彩纹绿膘

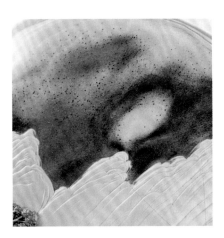

翡翠火烙、青花、绿膘

翡翠斑

多出现在中上岩苴却石中，而在下岩苴却石和水溪苴却石中只是偶然得见。

下岩苴却石常有的石品花纹是"青花"、"冰纹"、"隐见水纹"；水溪苴却石常见的石品花纹有"青花结"、"鹧鸪斑"等。这些多在某类苴却石中出现的石品花纹，如果偶然在别类苴却石中出现，与同类砚石比较，必然相应地表现出不同的特质。如在中上岩苴却石中发现"青花"、"隐见水纹"等石品花纹的石质较同类砚石要软些、温润些；在水溪苴却石中发现"彩线"、"火烙"等石品花纹的砚石，其石质较同类砚石要硬些，如此等等。

第三，有的石品花纹只出现在某些苴却石中，而在其他苴却石中不能得到。如"青花结"、"黄鳝纹"等石品花纹多见于水溪苴却石中，偶见于下岩苴却石中，中上岩苴却石无；"墨趣绿膘"、"油涎光"、"铁烙"、"显见水纹"等石品花纹多见于中上岩苴却石中，偶见于下岩苴却石中，水溪苴却石无；"胭脂晕"、"鱼鳞状隐见水纹"等石品花纹只见于下岩苴却石中，其他坑无。

这样一来，凡发现上述石品花纹，即可大致判定出不同的坑石。

众所周知，任何事物都不是绝对的，我们既不主张简单地划分石品花纹的优劣，也反对简单以石品花纹之优劣来判定石质的优劣。需要探讨的是，通过对上述石品花纹与石质表现出来的对应关系，分析其联系的必然性。由此看来，上述分析显然就具有一定的意义。但我们同时也有必要说明，随着对苴却石的研究的深入及新石料的发现，在石品花纹及其与石质的对应关系上，必然会有新的认识。毕竟上述分析和判断的结论仅属于经验范畴，实际情况可能远非如此，想必也很难精准地界定。

四、苴却砚石品花纹种类

（一）膘类

1.绿膘

"绿膘"色泽翠绿鲜活，呈层状结构，与紫黑砚石融为一体（但色彩界限鲜明）。或厚有寸余，或薄如蝉翅，或整齐规范，或形态各异，天然造化，变幻无穷，其在苴却石诸石品花纹中整体面积最大（黄膘亦同）。有时一方砚均为"绿膘"，称"绿膘砚"。

"绿膘"以翠绿为基调色泽，在不同采石坑的苴却石中又分青翠绿、翠绿、嫩绿、黄绿多种。

一般而言，"青翠绿膘"硬度偏高(有此"绿膘"的砚石硬度也偏高)，"嫩绿膘"石质细嫩，硬度适中，下墨、发墨俱佳。"黄绿膘"色泽不如前二者鲜活，石质偏软，但此类"绿膘"内常有红褐、黄褐、墨褐等矿物密聚，称火烙，其色彩之丰富，变幻之奇妙，为其他"绿膘"所不能及。

"绿膘"大致可分为如下几类。

纯净绿膘

"绿膘"色彩均匀，一色翠绿，无明显杂质混入。此类"绿膘"在颜色上分为嫩绿色、翠绿色二种，前者石质幼嫩、润泽，硬度适中，若留为砚堂，可得绝妙的研磨效果，后者与中上岩苴却石硬度相同，具有较高的欣赏和实用价值。

彩纹绿膘

"绿膘"中混杂多种石品花纹，由于这些石品

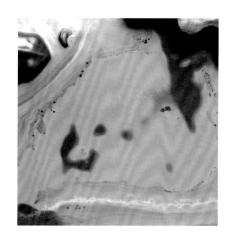

火烙、绿膘、冰纹

翡翠斑一

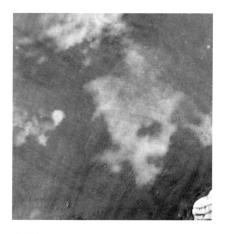

翡翠斑二

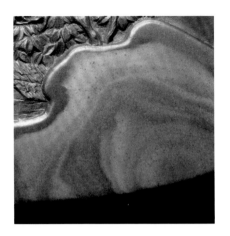

彩纹绿膘

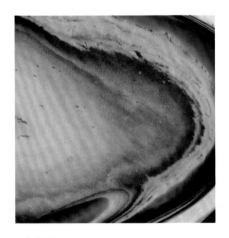

墨趣绿膘

墨晕绿膘

花纹在品类、质地、形状、色彩以及与基本砚石的晕渗状况等方面的差异，故色彩斑斓、丰富多彩、内涵充实，令人感想万千而不能言说。此类"绿膘"常混杂的石品花纹有"冰纹"、"彩线"、"水藻纹"、"火烙"、"青花"、"麻雀斑"、"显见水纹"、"胭脂冻"等。"彩纹绿膘"为苴却石"绿膘"的一大特色。

墨趣绿膘

"绿膘"中杂有墨褐、墨绿、黄褐等铁质粉末的聚集物或小颗粒，在"绿膘"中形成晕状、点状、线状等纹饰。绿膘中的"墨趣"其实就是"火烙的另一种表现形式"，最常见的其纹饰有形有势，如烟似云，恰如一幅幅水墨云气山水画，又称为"云纹绿膘"；纹饰浓淡不一，呈线条状，如水波浩渺，又称为"水纹绿膘"。此外，"绿膘"中的深色杂质还可以构成其他千奇百怪的图样，其韵味，很难用语言表达尽意。例如，我们曾得过一块石料，经加工打磨后，翠绿的"绿膘"上出现了一幅绝妙的《深宫杂耍图》。那些褐黑色的杂质如同按某种意愿巧妙地聚集，形成五个似像非像的杂耍人物。有"拿大顶"的，有"金鸡独立"的，有"踩高"的，有"蹬球"的……或浓或淡，或隐或现，可谓墨翰淋漓，妙趣横生。此类绝妙图案非常难得，可惜未能留下影像资料。

"墨趣绿膘"一般硬度偏高，若留作砚堂，发墨甚好，下墨稍差。如果因其形，就其色，依其意，顺其势，巧妙构图与雕刻主体混为一体，则可望获得意想不到的奇妙效果。有时为了不破坏石纹之整体效果，亦可制成平板砚、舔笔砚，供品玩、收藏之用。

金星绿膘

"绿膘"中杂有黄铁矿晶体，或大或小，或密或疏，洒嵌在绿色中。"金星"经常与墨晕同生"绿膘"中，把水墨图画点缀得更加富丽。也有的稀稀落落镶嵌在"绿膘"中，根据"绿膘"的色、形，成全着不同的意境。

此外，还有"青花绿膘"、"胭脂晕绿膘"、"松花纹绿膘"、"火烙绿膘"、"麻雀斑绿膘"、"黄鳝纹绿膘"、"蛙子纹绿膘"、"冰纹绿膘"、"红丝绿膘"等等，均根据"绿膘"中杂质的品质、色彩、形状得名。从实用角度看，"麻雀斑绿膘"、"蛙子纹绿膘"、"青花绿膘"、"冰纹绿膘"对应的石质，其研磨的效果最好，其余"绿膘"则更适于观赏、品玩。

"绿膘"之青翠绿和翠绿色多生长在中上、下岩苴却石中，水溪苴却石的"绿膘"多为黄绿色。

玉带绿膘

主要分两种。最常见的"玉带绿膘"膘层极厚，色层极丰富，基本石色较一般绿膘更深沉含蓄，在基调绿色中，掺晕着或更蓝绿、或更嫩绿的多种色层，或如绿丝，或似玉带，或如烟雾云气，或似平湖涌波，随意飘逸，动感十足。还有一种玉带绿膘，基本特征如上，只是色泽偏嫩绿，观之更加柔嫩温润。有的玉带绿膘中还有橘黄、褐黄、褐红等多种色层，或如丝带状，或如块面状渗入其中，极其美艳。

"玉带绿膘"色纹变幻诡异，视觉效果尤佳，人见人爱，加之储量较少，故被人推为苴却绿膘石之上品，藏之弥贵。

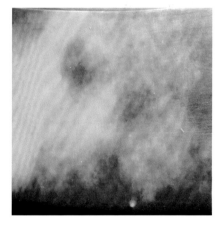

雾状绿膘

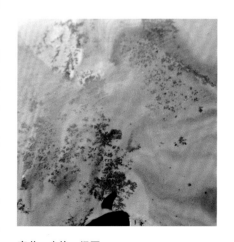

青花、火烙、绿膘

膘石之玉带绿膘

石皮、金黄膘、黄绿膘、青花

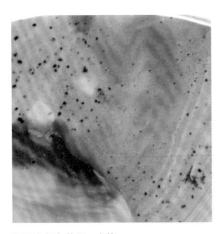

膘石之复合黄膘、火烙

2.黄膘

其形状、结构与"绿膘"完全相同，只是色彩少绿多黄，黄膘几乎无纯净者。"黄膘"质软者，大多渗有黑褐色斑，"水藻纹"、"青花"等石品花纹，色泽远不如"绿膘"鲜活。与此"黄膘"相伴之砚石均为褐黑色或灰黑紫色，石质虽细腻，但硬度稍软，因过于润泽而发墨稍逊；"黄膘"石质偏硬的，其色中往往渗有"胭脂晕"、"金黄火烙"等石品花纹，其色灿然沉稳，尤可观。黄膘与绿膘融渗在一起，色黄绿者称"黄绿膘"；黄膘中渗入大量褐黄、褐红色层者称"褐黄膘"、"褐红膘"；黄膘中少灰暗黑褐的石品花纹渗入者往往金光灿然，非常鲜活艳丽，此类黄膘量极少，最为罕奇珍贵，称"金黄膘"、金红膘，与彩纹绿膘一样，亦有"彩纹黄膘"，因黄膘中渗入诸多石品花纹而色纹繁复，美艳至极，尤罕贵。

3.石皮

"石皮"分"边皮"、"面皮"两种，前者存在于砚石的四边侧面，后者存在于砚石的上下石面。在断裂成自然形状的苴却石纵横断面，常能得到"石皮"。"石皮"因其不同的矿物质成分而呈现不同的色泽，有白色、白黄色、深绿色、粉红色、褐黄色、深黄色等，有的砚石几种颜色同时存在，彼此融渗，斑驳古雅，绚丽多姿。"石皮"有的厚达3厘米以上，有的薄得可以透出下面的紫黑砚石。

"石皮"的形成与"彩线"完全一样，其主要矿物质也是碳酸盐、氧化铁等，硬度较高，颗粒粗糙。（有少数石皮极细腻，呈半透明状，极罕贵。）其不同处在于成岩后，砚石震裂较彻底，裂隙较大，加之所填矿物质与砚石晕渗不够紧密，因此，开采时受重击则沿裂隙处断裂而形成"石皮"。

"石皮"与研磨并无多大关系，但巧用之能获得奇妙效果。制砚者常将其保留成为雕刻题材的一部分，以增加鉴赏、观赏的价值，获天然质朴的美感。

"荡"是"石皮"的另一种特殊表现形式，是表现于上下平面上的石皮。较厚的还称"石皮"，较薄的则称"荡"，在砚石的横断面即石料的底或面常可看见白色的薄层矿物质，最薄处能透出其下砚石，若隐若现，如烟波云雾，这就是"荡"。有时"荡"不全是白色，其间又有红褐、黄褐、黑褐诸色相晕，形成绝妙图案。"荡"若与石眼"冰纹"共生，则可获极高的审美效果。

苴却砚石的膘类石品花纹还有很多，有的石品花纹往往同时晕渗在绿膘或黄膘中，或色纹极艳丽清晰，或色纹晕渗自如，与膘色浑然一体，有痕无迹，有迹无痕，其变化丰富诡异，很难言传，若非亲眼欣赏，很难相信这是石材的天然色纹，令人惊叹大自然的鬼斧神工。也难怪不少购石赏砚者坚持说这些奇丽的色纹是出自人为渲染或镶嵌，正所谓"真到假时假亦真"。这样更加深了制砚爱石者对大自然神奇力量的敬畏感激之情。

正因如此，在介绍到某类石品花纹时，我们往往以"复合膘"、"彩纹绿膘"、"彩纹黄膘"之类笼统的语词概而言之。如此，表现出来更多的是言不尽意的无奈。

青铜石和瓷石（彩石）石品花纹其色纹的情形与上述石品花纹类似，唯一区别是其石层结构更加紧

石皮一

石皮二

石皮三

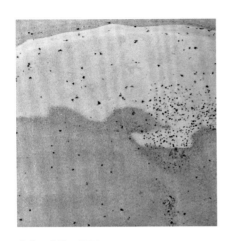

青花、火烙、绿膘

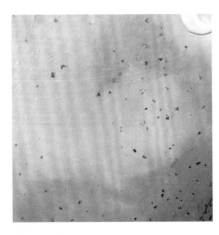

青花结、黄绿膘

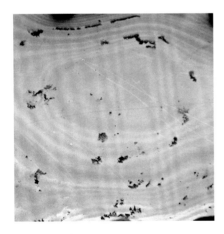

青花结、火烙纹、绿膘

密。因此，其色纹在石材中横向晕渗与纵向晕渗差不多，更难区别其色纹的界限，雕刻者在俏色雕刻和巧用石品花纹时也只能是大致的，所成就的作品在色纹上有更多晕渗的特殊效果。

（二）纹理类

1.青花

"青花"是天然生长在岩石中的斑点。苴却石的"青花"其色有青蓝、蓝绿、墨绿及褐绿多种。"青花"形状或如微尘，或如雪花，或如雏鹅胎毛，或如萍藻，或如蝇脚，或如松花等等，品类众多。以实用价值论，"青花"愈细微，色彩越淡，与其他砚石晕渗愈紧，分布愈均匀愈高贵；以观赏价值论，"青花"色彩愈蓝绿，形态愈多变幻，观赏价值愈高。下面择重介绍几种。

微尘青花

《砚史》说："青花以微尘为上。""微尘青花"在苴却石中色泽墨绿或灰绿，或褐绿，细小如微尘，肉眼不易得见，但在"绿膘"中清晰可见。"微尘青花"在砚石中有的密集，有的稀疏，正如《砚史》形容那样："如缁尘翳于明镜。"

观察紫黑砚石中的"微尘青花"，需最后一道打磨工序完成后，用清水湿之，在光线好的地方才能清楚得见，看上去如从黑色砚石中隐隐约约浮现出来，随着清水渐干，又隐隐约约地消失在黑石之中。"微尘青花"在中上岩苴却石中鲜为得，但经常在下岩苴却石中发现，在"绿膘"中经常可见。

冰凌青花

"冰凌青花"色泽褐绿、灰褐，形状如同雪花、冰凌。放大镜下观察有"晕"，与砚石相浸浑然一体，过渡自然，如同在潮湿的生宣纸上轻点一褐绿色的晕渗情形。所以，"冰凌青花"虽然比"微尘青花"稍大片，但其晕状肉眼也不容易清楚得见，置于浅清水中静静观察，可得其精妙。"冰凌青花"有时在砚石中出现很多，甚至满布砚堂。

"冰凌青花"多见于下岩黑紫红、墨灰紫红砚石中，也常在"黄绿膘"及水溪苴却石之灰黑色砚石中发现。此类青花色浅，偏蓝绿。形微小者，其对应的石材硬润适中，研磨极佳。反之，形态大片，且颜色偏黑褐者，其对应的石材偏软，研磨稍逊，但巧色雕刻可得奇妙效果，观赏价值极高。色偏黑灰者，其影响到整体膘色，故欣赏价值较差。

萍藻青花

大小与"冰凌青花"同，形状如鱼草、萍藻，亦有边晕与砚石浑然一体。"萍藻青花"色褐绿、蓝绿，在光线好的地方观察，肉眼很容易发现，浅清水中尤清晰，如果轻动清水，"萍藻青花"即好似随水波浮动，古人把这种感觉描述为："沉水观之，若有萍藻浮动。"（《曝书亭集》）但这种感觉非亲自试验不能体会入深。

"萍藻青花"多生长于下岩苴却石和水溪苴却石中，有时生长在石眼和绿膘中。"萍藻青花"的颜色较深黑，形状较粗犷，且数量较多，有时遍布砚堂和"绿膘"中，有显见"青花"的砚石，硬度大多偏软，研磨效果不及"微尘青花"。

鸭茸青花

色灰褐、褐黄，形状如同雏鸭之茸毛，有"晕"

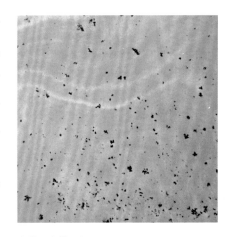

青花、火烙、绿膘

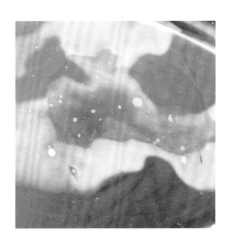

火烙、翡翠斑

火烙、青花、绿膘

与砚石相融，用清水浸湿容易辨认，若观察其"青花晕"，可用高倍放大镜。清水中，似"鸭茸"在上下浮动。"鸭茸青花"在砚石中数量不多，只偶见于中上岩苴却石中。有此"青花"的砚石与同类苴却石相比，硬度尤佳，尤细润，可以认为是中上岩苴却石中最上乘的砚材。

蝇脚青花

"蝇脚青花"在砚石中分布稀疏，常常只见三五片。色浅墨绿、浅墨褐，形状如蝇脚，细长形，边有茸毛晕渗入砚石中，此只能在放大镜下才能观察分明，于澄清浅水中观察可得其精妙。此类"青花"只生于下岩苴却石和中上岩苴却石中，得之不易。

蝇头青花

色青褐、黑褐，呈斑点形状，大小不一。一方砚石中有时出现三五点，常两三点相伴随，故又称"青花结"、"子母青花"，在绿膘中数量较多。"蝇头青花"生于下岩苴却石和水溪苴却石中。

以上各类"青花"有时单独出现，有时与别类"青花"同时出现。总的来说，"青花"在中上岩苴却石中鲜见，而下岩苴却石则比较容易得之，"青花"中的深黑粗犷者多见于水溪苴却石中。

青花晕

"青花晕"呈团状，大小如蝇头，不甚规则，色黑褐，类似"青花结"，但大小均匀且数量颇多，有时遍布砚面。最主要特点是，每朵"青花"四周均有褐黄色晕渗入砚石中，如同月晕一般。此类砚石硬度适中。不常得之。

鹧鸪斑

青花团火烙

2.冰纹

又称"冰纹冻"，在端溪，"冰纹"只产于水岩大西洞砚石中，而且很少见。《高要县志》说："大西洞三层，冰纹洁白如蛛丝网纵横密布，他洞所无"。《砚史》也说：白晕纵横，有痕无迹，细如蛛网，轻若藕丝，是谓"冰纹"，亦曰"冰纹冻"，即大西洞亦不多有。

苴却石的冰纹似乎不像古人所说的形状如蛛丝网，细如藕丝，也不同于今人刘演良在《端溪砚》中的描述：如悬崖上的瀑布一泻千尺，白中有晕，向两边融化开，似线非线，似水非水。

苴却石的冰纹色偏乳白，虽形如瀑布，但远没有刘演良先生描述的那种"一泻千尺"的气势，而是如同春秋时节，雨季未到的山间小瀑，涓涓而来，中途又分为粗细不一的支流，自然蜿蜒，如同地形图上河流分支。

"冰纹"根据形态可分为"云纹"、"水纹"多种。

"冰纹"的颜色与黑紫的砚石颜色成鲜明的对比，很明显是砚石的夹杂物，但"冰纹"与周围的砚石又融合很紧密，即使重击，也很难将它们分离开来。正如《砚史》说的那样："白晕纵横，有痕无迹。"

苴却石中有"冰纹"的砚石又多见"青花"。《砚史》说："若冰纹带青花，乃千百中之一二，谓之绝品也。"我们试验的结果也证明了，有"冰纹"的砚石一般细腻湿润，韧性极好，故研磨效果很好，若再有"青花"，则研磨效果更佳。

"冰纹"质地细嫩，对研磨无害，加之"冰纹"

冰纹、彩线、绿膘

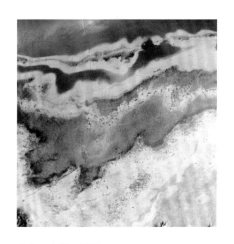

火烙、青花、绿膘

冰纹石皮

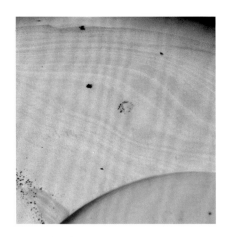

马尾火烙、青花结、绿膘

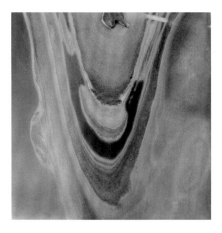

胭脂火烙、玉带膘

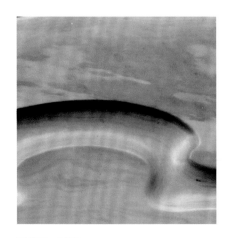

胭脂晕、绿膘

形态自然，色彩纯洁，有很高的欣赏价值。因此，在苴却石中，许多人对"冰纹"的偏爱超过"青花"，有"青花"易得，"冰纹"难求之说。

"冰纹"也有生长在"绿膘"中，形态各异，白绿相衬，甚绝妙，称"冰纹绿膘"。"冰纹"也有生长在石眼中的，将碧绿的石眼云缠雾绕，较之纯净石眼，又是一番情趣。

3.火烙

"火烙"，又名"熨斗焦"，其颜色和形状都像被火烙伤一样褐黄或褐黑。"火烙"有深、浅、霉、艳等不同的色泽，有的人根据"火烙"的深浅色泽将其分为老、嫩二类（色深者老，色浅者嫩）。苴却石的"火烙"有如下几个品种：

马尾纹火烙

其形态如马尾临风飘扬，色彩黄褐、紫红、红褐交织，其中心部位色泽深浓，愈向外愈浅淡，边缘处忽隐忽现，似有非有。其色艳者不逊山东"红丝"彩纹。"马尾纹火烙"线条流畅自然，粗细相间；色彩浓淡相宜，如出自大家手笔。在苴却石中很罕贵，产于下岩或水溪苴却石中，常与其他火烙及石品花纹共存一砚石之中，具有很高的观赏价值。

熨斗块火烙

形状扁长，如烙铁熨烫而成，色褐黄透紫红，由中心向四周逐渐淡化，然后与黑色砚石浑然一体。有时，此类"火烙"中清楚可见褐铁矿、赤铁矿密集晶体，称为"金星火烙"。

"铁烙"："火烙"呈黑褐色，非常坚硬，于下墨极有碍，亦无益观赏。

青花火烙

"火烙"中杂有"青花"，乃是茁却石中奇品，"火烙"红褐色，"青花"青蓝色，相映成趣。

水纹火烙

色黄褐或蓝黑，线条细长流畅，形状如水波，与周围砚石晕渗而为一体，忽隐忽现，如置浅水中尤其可观。不太明显的"水纹火烙"称"隐见水纹火烙"，反之称"显见水纹火烙"（此类火烙中有显见的铁质晶体）。

"火烙"的品类还很多，不再一一列举。

"火烙"的主要成分为赤铁矿、褐铁矿、黄铁矿粉末。由于"火烙"形成过程中伴随的岩矿运动不同，有的铁质粉末呈线条纹状集聚；有的呈环状、旋涡状集聚；有的呈块状、条块状集聚；有的铁质粉末中含赤铁矿较多，经与其周围砚石矿物质渗透晕染而形成浅紫红色，称"胭脂晕火烙"，甚为罕贵。"火烙"的色调变化很大，其灰暗者黑褐，其艳丽者金黄、金红，在黑褐与金黄、金红中间又有若干色调上的区分，如熟褐、黄褐、褐黄、褐红等等。

胭脂晕

又称"猪肝冻"，分两种。其一，紫黑的砚石有时会发现其中某一部分色泽尤其紫红，与其他砚石晕渗过渡自然，很难划定界限，但仔细辨认，其色彩差别又是存在的，若将整块砚石置浅水中或与其他砚石放在一起比较，紫红色更显著。放大镜下观察，可见到有波状隐匿纹向外扩展，此又称"胭脂冻"。如果"胭脂冻"中心部位为"鱼子纹"，周围有紫红晕环的，则石质细腻湿润硬度尤适中。经对比研磨试

胭脂晕一

胭脂晕火烙

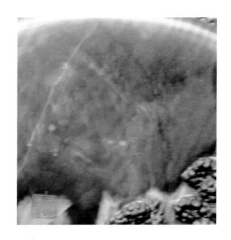

胭脂晕二

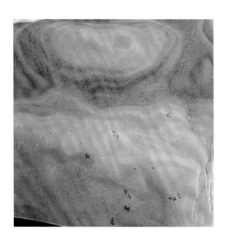

胭脂晕、火烙、青花

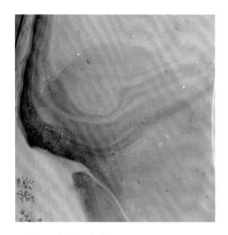

胭脂晕、火烙、青花

验，用此类"胭脂冻"石研磨，油油然无纤响，不仅下墨极易，而且颇发墨，一如古人所言："试以墨，若熬釜蜡，期为美矣。"（《曝书亭集》）此类"胭脂冻"极少见，几千中难得一二，只见于下岩苴却石中，他坑无。

其二，色为玫瑰紫红，有的稍艳，有的稍暗，呈"膘"状，但色泽、动感明显。多与火烙共生，或如云雾弥漫，或似水波浩渺。常与膘层晕渗一起，整体观之，色彩界限不是极鲜明，过渡自然，变幻无常，尤可观。此类石品花纹常伴有"金银线"，其观赏价值极高，但研墨稍逊。

4.水纹

此处所言"水纹"与火烙水纹不一样，其根本区别是其矿物成分不是铁质粉末。

"水纹"在苴却石中非常普遍，除了上述"绿膘"中的水纹外，在黑色砚堂中经常可见由此基调色泽稍浅或稍深的水波状纹样，有的小如鱼鳞片状，有的细如工笔勾描，有的气势恢弘，浩荡水波，有的气韵婉约，似平湖轻涟，雕刻者巧用"水纹"，常得奇妙意境。一般我们将"水纹"分为二大类：

显见水纹

此类"水纹"线条流畅，色调浓淡相宜，粗细相间，和谐柔美，清晰可见。

"显见水纹"有的可以归为"火烙"类，其特点是明显呈波纹状，亦主要含铁质粉末，质地坚硬。故有此"水纹"的砚石一般偏硬，多见于上岩石中。"显见水纹"若留于砚堂中必影响研磨，但观赏价值极高。

隐见水纹

此类"水纹"所含矿物质与其他砚石所含矿物质相差无几，只是颜色稍有差异。"隐见水纹"纹细规矩，有的似静水微澜，有的似整齐的鱼鳞，有的如水波轻漾……"隐见水纹"只要有，一般都密布砚堂，但若不仔细观察则不易发现，需将砚堂打磨光洁后置清水中，"水纹"即出，泛泛欲动。（"隐见水纹"的性质如同"冰纹"和"青花"。）

有"隐见水纹"的砚石细腻温润，硬度适中。与同类砚石相比，更佳于研磨。此石品上中、下岩皆有发现。以实用价值论，为苴却砚中优质砚材。"隐见水纹"常被人忽视，实乃憾事。有的苴却石材之"冰纹"微波荡漾，可归为"隐见水纹类。"

若以实用价值而言，"水纹"宜细不宜粗；宜隐不宜显；宜晕不宜结；宜润不宜枯；宜淡不宜深；宜暗不宜艳。但若以观赏价值而论，则刚好相反。

5.鱼子纹

属"隐见纹"类。形状如鱼子整齐密集，颜色与周围砚石相差无几。"鱼子纹"有时占据砚面一部分，有时密布整个砚面，有时出现在石眼或绿膘中，在砚堂中的"鱼子纹"一般不容易察见。但打磨光洁后，以水浸之，则能清楚得见。"鱼子纹"多产于中上岩苴却石中，下岩石亦间或有之。就研磨而言，有"鱼子纹"的砚石，硬度较同类砚石更适中，更细腻温润，是中上岩苴却石的佼佼者。"鱼子纹"在石眼或绿膘中能清楚得见。

6.黄鳝纹

"黄鳝纹"、"鹧鸪斑"（"麻雀斑"），上述此类石品花纹之形成是众多显见青花遍布在"黄膘"

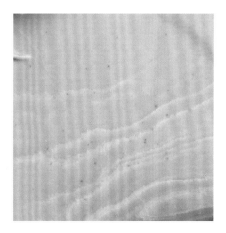

水纹

鳝鱼黄（青花、火烙、黄膘）

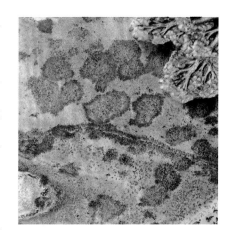

鳝鱼黄

翡翠斑

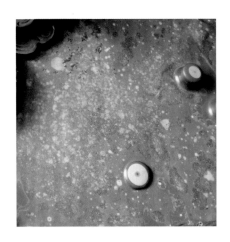

金黄斑、石眼

石线之金银线

中。"黄鳝纹"又叫"鳝鱼黄"，其色彩及形状均如鳝鱼身上的花纹。在黄色或金黄色上呈褐色斑点，有黄红、黄褐、黑褐等多种色彩，浓淡不一，互相渗透，色调极丰富艳丽。

"黄鳝纹"只偶见于水溪苴却石或下岩苴却石中。"黄鳝纹"具有极高的观赏价值，但若留在砚堂内，则有碍研磨。"鹧鸪斑"色黄褐、黑褐，像麻雀、鹧鸪身上的斑点。形状大致为椭圆形，疏密不一地洒落于砚面。"鹧鸪斑"与"黄鳝纹"类似，只是色彩偏灰暗，可以看成是褐黄膘与"青花簇"的结合体。

此二类石材多产于下岩苴却石中石质稍疏软的砚石或水溪苴却石中，程度致密和坚韧。

7.翡翠斑、金黄斑

翡翠斑色泽与石眼和"绿膘"相同，有翠绿、青绿、嫩绿、黄绿、白绿多种。不同处有二，一是翡翠斑无睛、瞳、晕、环；二是"翡翠斑"形状是大小不等的斑块，如膘似眼而又非膘非眼。"翡翠斑"，常布满砚石，如同信手洒泼而致。《曝书亭集》说"凝绿若洒汁谓之翡翠"，此说很符合苴却石之"翡翠斑"。罗氏兄弟石艺研究所新制成一方"风雪牧归"砚，其翡翠斑如风雪弥漫，非常难得。

与石眼、"绿膘"一样，苴却石的"翡翠斑"依不同的石材而在色彩上有相应的变化。

古人认为，"翡翠斑"的形成与石眼相同，如《砚史》所言："石不成眼者为翡翠点，长者为翡翠斑，皆同一经脉。"但我们认为，如此定论，为时太早，"翡翠斑"的形成与石眼的形成相差甚远，但与绿膘的形成关系则更紧密，类似"翡翠斑"的色纹在黄臈石中亦有发现，我们权且将其称为"金黄斑"。

　　"翡翠斑"、"金黄斑"主要产于中上岩苴却石中，他坑也间或有之。

　　8.彩线

　　颜色分别为金黄、金红、白、褐、绿、蓝等。形状细长硬直，有时粗细均匀，线条笔直穿过砚石，有时粗细不匀，斜插入砚面。

　　"彩线"的形成与"冰纹"相似，也是在砚石成岩后又因重震出现裂隙，后由别的矿物质填充而成。由氧化铁填充形成"金线"；由碳酸盐填充形成"银线"，由赤、褐铁矿填充形成"金红线"、"火烙线"，如此等等。

　　"彩线"与"冰纹"的不同处有二：其一，"彩线"基本上为直硬线条，少分支；而"冰纹"曲折蜿蜒，有分支。其二，"彩线"镶嵌在砚石中，有明显的界限，硬度较高，矿物质颗粒较粗糙；而"冰纹"与周围砚石融渗紧密，有迹无痕，颗粒细嫩，硬度适中。

　　"彩线"远不如"冰纹"那样柔美可观，但雕刻中如能巧用"彩线"，亦能使石砚价值倍增。

　　有时砚石中还有青蓝色、深绿色或褐黄色等石线，我们分别称它们为"翡翠线"、"碧玉线"、"火烙线"等。

　　"彩线"常常被不明事理的赏砚者简单地称为"裂纹"，这实在是大错。"裂纹"是石疵，雕刻中应该避开，而"彩线"是石品花纹，若能巧用，足令石砚价值倍增，二者岂能混谈。

　　9.金星

　　天然镶嵌在砚石中的金黄闪亮的块状铁质晶体，据

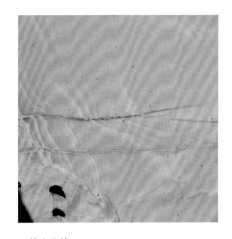

石线之彩线

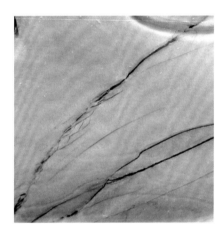

石线之翡翠线

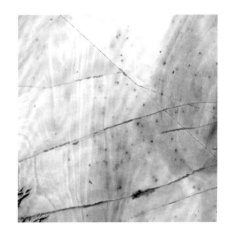

石线之瓷石红线

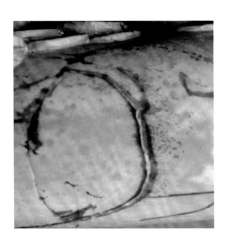

石线之黄膘、彩线

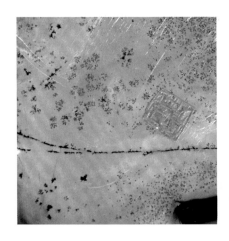

石线之黄膘、青花、彩线

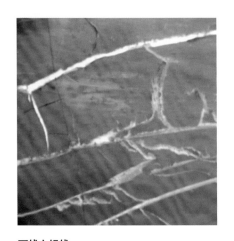

石线之银线

测为黄铁矿。"金星"颗粒或大或小，或疏或密，有时密集一团，如繁星灿烂，有时稀疏洒落，似月明星稀。

"金星"置石眼正中称"金星眼"，极为罕贵；"金星"密集"绿膘"中称"金星绿膘"。"金星"硬度较高，常伤锋刃。雕刻中，"金星"巧用，可获极高审美价值。

"金星"多长于中上岩苴却石中。有"金星"的砚石，石质稍硬，细腻而坚韧。

10.油涎光

色泽褐黑泛灰亮，与周围砚石无分明的界限，但硬度差异大，从色彩上也能与其他砚石区分开来。"油涎光"可归为"火烙"类，抚之光洁而腻，磨之拒墨，一般刀具加工时常"打滑"。"油涎光"近似于"铁烙"，但前者成块状、层状夹杂在砚石中，后者要小块得多，中心色深，逐渐向四周晕渗。"油涎光"应为硬度较高较细的铁质粉末在砚石中的集聚，对研磨有害无益，亦有碍观赏，应尽量避免留在砚面，尤其是砚堂中。

"油涎光"为中上岩苴却石独有。

（三）石眼类

石眼是指天然生长在砚石中，如同鸟兽眼睛的石核。

据我们了解，在中国众多石砚中，有石眼的砚石是极少的。除端砚外，《中国书法大辞典》记：温石砚(鲁砚之一种)，"有豆绿色石眼"。据说，贺兰砚也有石眼(见《宁夏贺兰砚》，《书法》1981年第3期)，因其石眼极少，亦少出彩之处，所以一般人对此并不推崇，其石材中几无发现，也未见别的资料谈及。《古玩指南·砚》说："湖南省辰州属沅州，产石色深黑，质粗燥，或有小眼。"又："河北省易州产石，光滑似端，但极软，研磨易落末，且有带眼者。"

1.根据位置和结构的不同分类

高眼

古人论端砚，将留在墨池之外的石眼称为"高眼"，这种说法很不确切，常常造成误解。例如，唐询《砚录》说："眼生墨池外者曰高眼"。后人均以此为据。按此说法，"高眼"既包括"砚堂"内的石眼，又包括"砚额"、"砚唇"、"砚沿"上的石眼，但《砚录》又说："高眼尤尚，以不墨淹，常可睹也。"事实上，除了生在墨池内的石眼外，生在砚堂之中的石眼也是注定要被墨水浸淹的。石眼若要不被墨水浸淹，只能留在"砚额"、"砚唇"、"砚沿"上。

据此，我们将"砚额"、"砚唇"、"砚沿"上的石眼称为"高眼"。人们主要从欣赏的角度，对"高眼"尤为看重。但石眼的生长又常常不由人的主观意志所决定。尤其是许多石眼，往往在加工制作中才剥出来，其生长位置就更不好顾及。由于古砚多以实用为主，而且古人制砚又大都有一定规矩，其形状比较固定（如风字砚、箕形砚、抄手砚等）。因而，虽想多得"高眼"，但只能听天由命。许多砚工，囿于传统砚形束缚，在留"高眼"和开砚堂时常顾此失彼，不能两全。所以古书说"眼生墨池外"，而不说"眼留墨池外"，前者就包含着无可奈何的被动意味。也有极少数高明的砚工，完全打破了传统砚形框框，因材施意，巧留"高眼"，既保留了"高眼"，又不影响砚堂、墨池及砚的整体布局，如明代徐渭珍

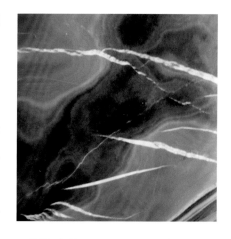

玉带膘、银线

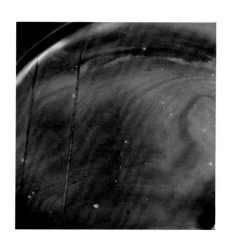

墨线、火烙纹

石眼之高眼

石眼之中眼

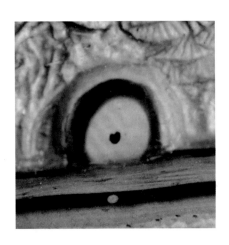

石眼之低眼

藏的"云龙"砚，明代祝允明藏"金猫玉蝶"砚等，无愧为珍品。

如何做到既保留砚堂的和谐空间、形状及雕刻空间，又尽可能多地保留"高眼"，我们在研制苴却砚的实践中，摸索出了自己的道路。

中眼

相对于"高眼"来说。石眼在砚堂内，在墨池上称"中眼"。"中眼"较"高眼"有三个缺陷：一是石眼在砚堂中，破坏了砚堂的纯净，给人以瑕疵之感，有损整体视觉效果。无论古今，贬责石眼者，大多数以此为由。有人甚至认为"眼为石病"（《砚书》）。《砚史》说"砚心必不宜有眼"，便是因为这个原因。二是石眼在砚堂内，本来有睛、有晕、有环，但经多次研磨使用后，必然逐渐磨损，石眼变小，终至消失，若石眼凸出于砚堂中，则有碍研磨，此不言而喻。三是砚堂中的石眼在使用过程中每被墨汁浸没，妨碍观赏。《砚书》："砚心不宜留眼，以墨掩不堪玩，且磨墨已久，砚凹睛亦图去。"

但即使如此，在端溪，许多砚工在制砚时，如遇石眼，即使在砚堂中，仍极小心地将其保留下来，任其凸起于堂中，毫不理会对研磨的妨碍。这是基于对石眼的珍爱，其良苦用心是可以理解的。

苴却砚生产对于"中眼"的处理有一套独特的技巧。总的原则是：将"砚额"或"砚唇"、"砚沿"上的雕刻图案巧妙地扩展至砚堂，尽可能使原来闲置在砚堂内的石眼成为雕刻构图中有机的组成部分，进入雕刻层次。

低眼

生长在墨池内的石眼称"低眼"。

这类石眼，一般是在加工制作时新剥现出来的，由于砚石形状、整体构图已具雏形，雕刻已经进行，石眼来得突兀，又不忍将其随意打掉，故随机应变，因形就势，巧妙启用之。至于如何运用"低眼"，需根据整体砚形、雕刻题材等多方面因素决定，总之要努力避免其闲置在墨池中。

对"低眼"的处理比对"高眼"和"中眼"的处理要困难些，"低眼"虽然免不了常常被墨汁浸淹，但却不存在像"中眼"那样被逐渐研磨耗尽的"苦难"。"低眼"运用得好，可以使整个构图锦上添花。

底眼

留在砚背(砚底)的石眼称"底眼"。

古人制作端砚，常将石眼留在砚底，这不失为既保留珍贵石眼，又保证砚堂的研磨空间的较好方法，尤其是对石眼很多的石材的处理更是如此。(如："宋端石百一砚")

制作苴却砚，如果该石材底、面均有石眼，一般是将石眼好的一面作砚面，另一面作砚底。但如果一面石眼较多，若作砚面，必然为开砚堂要损失一些好石眼时，则权衡利弊，将较多石眼的一面保留在砚底，这可看做是对石眼的"敬重"。

侧眼

苴却砚石石眼较多，往往一方砚料，除底、面有石眼外，四个侧边也有石眼外露，我们称之为"侧眼"或"边眼"。

对"侧眼"的处理，一般应尽可能将其与整体雕刻部分融为一体。对于无力顾及的闲置"侧眼"，

"用"眼（饰为珠宝，祥云绕之）

叠眼

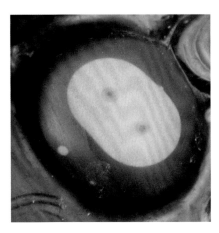

连眼

则需仔细削磨成珠宝面(有"睛"的一定要剥出"心睛")。这样既倾注了对石眼的尊重之意,又客观上增加了石眼的审美效果。

穿眼

谓之"穿眼",其实并未真穿。石眼按层次结构,上下呈扁圆珠形,睛、瞳居此扁圆珠的正中,眼的大小与眼的厚度成正比例(约为3:1)。《砚书》论端石石眼"眼生石中,如珠圆,琢砚者须磨至半则睛见,过半则睛去矣"。《砚史》也说:"……石眼外层有淡墨圆晕,眼嵌石中,其圆如珠,初磨见淡墨晕,即'眼皮'也,愈磨愈大,层亦多,睛见而眼适中矣。再磨则睛去,愈磨愈小,层亦愈少,皮见而眼去矣。"笪却石的石眼结构与此说完全一致,以60毫米直径的石眼看,其厚度20毫米左右(大多数石眼直径远不在此数)。因此,即使砚石较薄,石眼也不至于在"砚面"和"砚底"两面都能得见,更不可能两面都见石眼的睛、瞳、晕、环。

所谓"穿眼",是指"砚面"和"砚底"生长的石眼,其大小、形状、色泽、位置等正好相似对应,好像石眼将石穿透了一般。

"穿眼"一般很难碰到。笔者有一方不足4寸的小砚,用圆雕手法制成鱼砚,"穿眼"为鱼眼,两面均有,尤可观。

叠眼

两个及两个以上的石眼上下重叠在一起,互相联结、遮盖,高低错落,谓之"叠眼"。

连眼

两个及两个以上的石眼在一个平面上部分联结

在一起，有的几乎连成一个石眼，称"连眼"，此从
睛、瞳、晕、环及形态上可以分辨。

2.根据对石眼的处理分类

凸眼

石眼凸起，高于砚石表面称凸眼。在将石眼削
磨至中央心睛的过程中，有时必须降低石眼周围的砚
面，这样，石眼必然突出，将其修削成珠宝状，以突
显石眼的观赏价值，增强视觉效果。"凸眼"因视觉
效果鲜亮，很讨人喜爱。

石眼是否处理成"凸眼"，一则根据雕刻题材或构
图需要，二则根据加工制作中保护新出现石眼的需要。

例如，在开砚堂或墨池时，新出现石眼，既要保
证不损伤石眼的睛、瞳、晕、环，又要保证砚堂或墨
池的适当深度，即可以令石眼突凸于砚堂或墨池中。

平眼

石眼与其周围砚面平，称"平眼"。

石眼处理成"平眼"，虽不先色夺目，但其天然
丽质，一目了然，且毫无故作之感，更弃嵌镶之嫌，
不可能伪作，故许多藏砚者最推崇"平眼"。"平
眼"之处理根据雕刻题材及整体构图而定。

凹眼

石眼低于周围砚面称"凹眼"。

有的石眼虽已得见翠绿色，但"心睛"尚未剥
出，根据整体设计要求或雕刻之特殊需要，如不能降
低砚石厚度，为了得见石眼的心睛，便只能降低石眼
本身，这就形成了"凹眼"。

苴却砚生产很看重这类石眼。如果此类石眼生
长位置适宜，甚至可以全盘修改整体设计以完善该石

凸眼

平眼

眼。例如，或以龙爪摄之；或以云雾绕之；或以松竹遮之；或以水波掩之……

总之，着意让紫黑色砚石色调将翠绿色的石眼半遮半掩，获含蓄朦胧之美感，真所谓"犹抱琵琶半遮面"，更显脉脉含情，楚楚动人。

如果此类石眼因生长位置不当而不能启用（如生砚底，生墨池中，生砚侧等），不能成为雕刻题材的有机部分，即使心睛未露，也应剥削出该石眼之"心睛"，不惜令石眼低于观面，成为有睛、瞳、晕环的"凹眼"。

"石贵有眼"，"石贵有睛"，只要石眼心睛尚在，不将其显露，这是对石眼的不敬重，也不利于对石眼的观赏、品玩。但如果此类石眼生于砚堂之中，为保证研磨效果，切不可为救石眼"心睛"而粗暴地挖坑琢穴。这类石眼"生不逢地"乃是它的悲哀，制砚者对此爱莫能助。

忙眼

制砚者根据石眼在砚石中天然生长的位置，从下料、设计、雕刻等方面通盘考虑，巧妙启用石眼，努力使之成为雕刻中一个重要部分，此类被启用的石眼称"忙眼"。

闲眼

与"忙眼"相反。因生长位置不甚理想或构图上的考虑，有的石眼未能在雕刻中充当一定角色，与雕刻图案无较大关系，此类石眼称"闲眼"。

广义地讲，石砚中所有石眼都属于整体构图的一部分，但相对于雕刻的题材来说，有的石眼无力顾及，但又考虑到石眼罕贵，不忍将其闲置砚上，但需给予削磨处理，显现其审美价值。

也有的石眼在雕刻中途出现，但与雕刻题材要求不符，只能忍痛将其打掉，尽管制砚者常为之遗憾不已（如，"明月松间照"、"夸父逐日"、"后羿射日"等题材）。

3.根据石眼的鲜活程度分类

活眼

石眼有"睛"者称"活眼"。古人说"眼贵有睛"（《砚书》），磨至半则睛显，过半则睛去矣，睛在则眼活灵如生，石眼之精妙全赖于此。石眼除"死眼"、"瞎眼"外，均为"活眼"。

死眼

徒有石眼形色，但无睛、瞳、晕、环之一者称"死眼"。

苴却砚的石眼原本都有"睛"，但由于开采自然破损，人工切割或加工不慎等原因，将石眼的"心睛"或瞳、晕、环损坏，这便成了"死眼"。

"死眼"较之"活眼"虽然其观赏价值骤跌，但由其色彩鲜活，形态玲珑，且系天然造就之物，故仍不失其精妙，依然具有较高审美价值。如果"死眼"生长位置合适，可将其雕刻成小生物以点缀整体(如同齐白石先生的许多国画作品那样)，亦可使石砚增辉。

瞎眼

又称"翳眼"，石眼心睛已去，但尚存瞳、晕、环者称"瞎眼"。或"心睛"已过，瞳、晕、环三者中尚存一者，亦可归于"瞎眼"类。"瞎眼"之观赏价值介于"死眼"和"活眼"之间。

泪眼

活眼

瞎眼

泪眼

金星眼

金睛眼

石眼外形轮廓模糊或睛、瞳、晕、环模糊不清，似泪眼观月，又似眼中噙满泪水，盈盈欲滴，此类"石眼"称"泪眼"。

凝眼

石眼有"睛"、"瞳"。其间有黄褐色"晕"，但无环。看上去，石眼神态专注，不惊不恐，无怒无泪，呈凝视状，谓之"凝眼"。

怒眼

石眼"心睛"不明，"眼瞳"较大，晕、环不像"鸲眼"那样由内向外水圈般过渡，而是突然增大。环一般只有一至二圈，色深极清晰，看上去圆瞪如发怒状。

4.根据石眼"心睛"的不同分类

苴却砚石眼"心睛"色彩之丰富，变幻之微妙，很难用文字概括，下面只择其明显者作大致介绍。

金星眼

石眼"心睛"为一金黄闪亮之金属粒核（金星）。"金星"方形，为黄铁矿晶体。此类石眼大多碧翠高洁，睛明瞳亮，环晕重重，不易多得。

金睛眼

与"金星眼"不同之处在于石眼"心睛"不是金黄闪亮的方形金属粒核，而是金黄色的圆形晶体，比"金星"小，此类石眼亦不易多得，最为罕贵。

银睛眼

石眼黑褐色"瞳孔"中央有一点白色矿物质，恰如素描中的高光。仅此一点，便令整个石眼更加鲜活精神，比"画龙点睛"有过之而无不及。此类石眼极少见。

赤睛眼

石眼心睛为深红色或血红色物质，又称"朱砂眼"。有此石眼的砚石比较细腻温润，亦不易多得。

墨睛眼

石眼心睛为墨黑色粒核。这类石眼较为多见。

褐睛眼

石眼心睛为深褐色粒核。这类石眼也较为多见。

5. 根据石眼的色泽分类

碧玉眼

石眼色彩翠绿色泛青蓝，碧翠如玉。此类石眼大多睛亮瞳明，晕环清晰，鲜活精神，观赏价值很高。

又分为"青翠碧玉眼"、"绿翠碧玉眼"等，一般生长在中上岩苴却石中，有时石眼"心睛"为"金星"或"金睛"，则更为难得。

黄绿玉眼

石眼色泽为"黄绿色"，其睛、瞳、晕、环大致与"碧玉眼"相同，但稍逊鲜活光彩。此类石眼生于下岩苴却石和水溪苴却石中，中上岩苴却石无。

黄眼

石眼为黄色，其晕、环显得不甚清晰，常有褐斑混杂其间。有此类石眼的砚石石质偏软，色泽泛灰。

此外，还有"黄白眼"、"乳白眼"等。此类石眼为水溪苴却石特有。

彩玉眼

石眼之晕、环不像其他石眼那样从中心到外均匀扩展，而是被似条条彩带的"火烙纹"将石眼心睛横缠斜绕。晕、环为红褐色、黄褐色等。"彩玉眼"非常罕见，为中上岩苴却石特有。

瑕玉眼

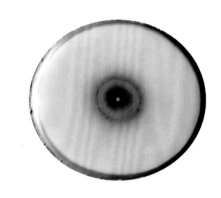

银睛眼

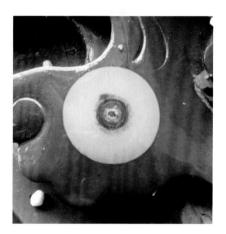

赤睛眼

墨睛眼

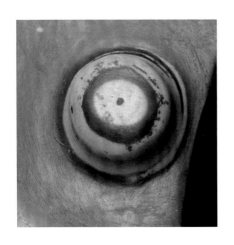

黄眼

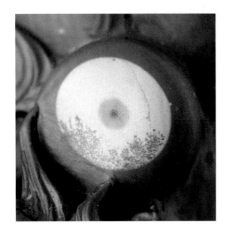

青花黄绿眼

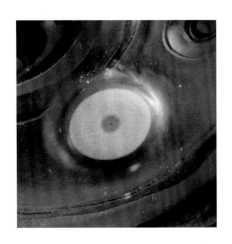

鱼子纹红晕眼

又称"青花玉眼"，石眼虽然有睛、瞳、晕、环，但不甚均匀，其间又明显夹杂着黑褐色或黄褐色的不规则的青花点。有时晕、环也由这些青花斑点组成。此类石眼一般为黄绿色、黄白色，比之"碧翠眼"，不太鲜活净洁，但瑕不掩瑜，尤其是雕刻朦胧月景更觉真切。凡有此石眼的砚石必有"青花"或"青花结"。此"青花"在石眼中清晰可见，在砚堂中则需要浸清水乃见。此类石眼为下岩苴却石和水溪苴却石特有，中上岩苴却石无。

鱼子纹玉眼

石眼除睛、瞳、晕、环外，其碧绿部分由整齐规矩的"鱼籽纹"状构成，肉眼可见。此类石眼大多数色彩翠绿鲜活，石质细润温坚。一般说来，有此石眼的砚石无论产于何坑，都具有极高的实用价值。

冰纹玉眼

石眼被乳白色冰纹划破，如薄云掩月。这类石眼一般为嫩绿色，石质温润，研墨极佳。配以特殊题材的雕刻更绝妙。"冰纹玉眼"一般不产于中上岩苴却石中。

此外，还有"水纹玉眼"，"金、银线玉眼"、"金星玉眼"等多种石眼，不再一一赘述。

6.根据石眼的神态分类

鹆眼

石眼形状正圆，有清晰的睛，睛可以是"金睛"、"银睛"、"墨睛"或"褐睛"。瞳被数层黄褐、黄绿、深褐色彩圈环绕。"环"，深蓝或褐蓝色从心至外，如水圈扩展，晕亦从里至外变幻浓淡色调，其形态如鹆眼一样鲜活精神，但其形远远大于鹆的眼睛。

　　"鹍眼"之最佳者为青翠绿色(翠绿色次之，黄绿色更次之)，睛、瞳炯炯有神，晕、环清晰，在四层以上("晕"、"环"层次愈多愈好)。

　　"鹍眼"大者直径超过50毫米，一般在20～40毫米之间。

鸡翁眼

　　形态如雄鸡眼睛，但直径多有大过鸡眼数倍的。黄褐色"晕"内深外浅。环少(一般2至3圈)，环间距离短，紧紧圈住"心睛"。基本色泽以黄绿为多。

雀眼

　　石眼圆正如鸟雀眼。睛为深褐色。环少，一般紧绕"心睛"2至3圈，亦为深褐色或青蓝色。晕色较淡，有时近乎白色。睛、瞳不易分辨。一般直径在20毫米左右。基本色泽有翠绿、黄绿，以翠绿为上。

猫眼

　　形正圆或椭圆，有晕无环，有瞳无睛，瞳为黑褐色，晕为黄褐色，红褐色，其形状长，如中午时候猫的眼睛呈竖线。"猫眼"一般直径在20毫米以下，基本色泽为黄绿色。

鸽眼

　　石眼的心睛为白、黑、褐多种，"瞳"为红褐色，有"环"缠绕，晕为黄褐色或红褐色，向外淡化。晕靠近环处有红褐色斑点环之，称"朱砂点"。

　　"鸽眼"有翠绿色、黄绿色，直径在20～30毫米左右。

象眼

　　石眼的形状长圆，有瞳无睛。瞳为黑褐色或红

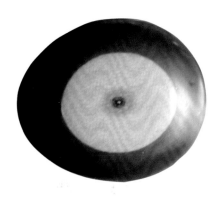

鱼子纹金星眼

褐睛朱晕黄绿眼

鱼子纹金星眼

葫芦眼

褐色，色彩晕渗过渡不甚均匀，有晕无环，晕呈红褐色，其浓淡不均。色泽有翠绿、黄绿二种，直径在30毫米以上，常与"猫眼"共生。

绿豆眼

石眼直径小于10毫米，如绿豆，其色泽碧绿。"绿豆眼"有时成群集于一块砚石中，密如繁星。

"绿豆眼"大多有瞳，少数有睛。但均无晕、环，睛、瞳为深褐色小点，稍不注意，容易被磨去而成"死眼"。

葫芦眼

眼形状如葫芦，其实是一大一小两石眼相连而成，色泽有翠绿、黄绿二种，有睛有瞳，大多无晕、环。

瓜果眼

石眼如瓜果，形状各异，有黑色"心睛"，晕不明显，环少或无。石眼多为黄绿色。

异形眼

石眼不再是圆形，而是异形，有睛和晕，环不明显。此类石眼形成大约与特殊的地壳变化有关，量极少。

鱼眼

石眼有睛、有环、无瞳、无晕。环蓝褐色，较清晰，但较少(一般2至3圈)。"鱼眼"较小，在20毫米左右，色泽多种。

需要说明的是，根据石眼的形态分类，意义并不是太大，实际操作起来也容易出现混乱，例如：很难有人将鹰眼和鹆眼区分得很清楚。因此我们主张在分析、观赏石眼时切不可斤斤计较于此，关键还是应该看石眼的鲜活程度及雕刻者对不同品质的石眼的"用"的水平。

第五章 苴却砚的制作

苴却石以制砚而闻名。其制砚始于何时已无从查考，砚石石料的开采时间也没有任何记录。但苴却砚的使用却在当地有一传说，十分流行。相传很早以前，当地一倪姓书生，自幼天资聪颖。一年，适逢大考。书生却在赴京赶考动身之际，不慎将所用之砚滑落于地，当即碎得个四分五裂，难以再用。情急之下，书生遂取一块被当地称为"龙眼石"的石料，粗制成砚，携之进京赶考。但未获功名，以致失落不已。然而，其所携带的"龙眼"石砚却在京城学子、学士中引起了轰动，大家争相传看，称奇不已。回到村中后，书生遂取石制砚，以供所需，成为创制苴却砚的开山鼻祖。

砚石存储

制砚是设计思想和体力高度统一的一种创作活动，不仅要求艺人时刻保持充沛的精力，而且要做到大脑、眼睛、双手的高度协调和配合，使砚在制作过程通过双手的操作、双眼的判断，完成设计思想的体现。

苴却砚一般制作过程大致分为选料、设计、裁切、粗坯、粗刻打形、粗雕、精雕、打磨抛光、铭文配盒等若干工序。

石料场

一、准备阶段

（一）采石、运石和存放

苴却砚石的主要矿点位于金沙江边悬崖上，道路十分险峻，采石者用锤、钎、凿等工具开山取石，把挑选好的砚石，用背架背上，沿着悬崖陡壁，匍匐攀援而上，爬上几公里高的江坡，再背到运输机具能到的地方。在运输和保管当中要注意：搬迁时要轻拿轻放，以免裂层。好的砚石，装上车前要用稻草绳、塑料泡棉等柔软的东西包扎好，以防止碰裂损坏。

石料堆放时要归类放置，厚的和薄的分开，不可高堆重压，以免压裂；不要存放在日晒雨淋的地方，攀西地区阳光强烈，在日光曝晒下石料的温度非常高，可达到烫手的程度，若突然被雨水一淋，就容易出现裂纹。

选料

（二）选料

选料是关键的工序之一，一般要有一定经验的人才能胜任，须深谙砚石的特性，对石质、石眼、石品花纹以及有无裂纹等能够有较为准确的判断，否则，可能会使一些珍贵石品花纹得不到很好的运用而失去某些价值。选料的方法主要有洗、看、摸、敲等。

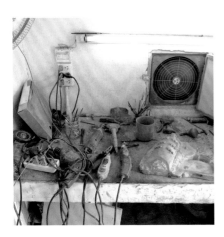

部分雕刻工具

（三）常用工具和设备

1.工作台

要求台面高度适当，稳当、结实。最好能够旋转和定位，可升高降低，以便雕刻时可随意转变、升降和固定雕刻物的方向。配高矮适当椅子，以可调整高度者为上。

2.台虎钳

用作制作加工工具和固定石料。

3.切割机

用于裁切砚料，使之初步符合制作需要的形状和大小。

4.凿子

数把，大小不等，用来选石料、开石片和找石眼。

5.木槌、铁锤

用来雕刻粗形时敲打用，木槌最好用较硬、较重的硬杂木制成。

6.打形刀

数把，型号不同，用以打制粗形。

7.铲刀

制砚时铲出较大平面时用(如砚堂、砚底)。

8.雕刀

数把，型号各异，用以雕刻纹饰。

9.砂布、砂纸及砂条

不同型号的砂条、金属砂棉和水磨砂纸，用以不同部位打磨。

10.其他

磨刀石、木盆、小凳、木板，打磨石砚和磨刀时用。

二、设计阶段

　　这里所谓设计是指对一方将要制作的砚进行全面、具体的设想和构思，一般应通过图纸或文字固定下来，也可用毛笔在砚石上直接描绘。设计体现了设计人员的水平和艺术修养。在设计的过程中，先要认真地观察石料品质，石眼的成色、大小、位置，了解各种石品花纹的形状、色彩、位置等，反复推敲，腹稿基本打好，心中有数之后，可绘制设计稿。须知，苴却石的石眼和石品花纹除在设计前观察到的外，在制作中有可能随时出现，这种情况下，制砚者便须再设计，故设计的过程是一个动态的过程。为有效地利用和突现砚石的石眼和石品花纹的美感，在一方砚未完成之前，反复多次修改设计是经常的事。

　　由于设计是砚雕创作的关键环节，一方砚若设计得好便成功了一大半，若设计得不好，以后的雕刻无论如何也很难弥补设计之不足。由此，设计贵在创新，主要有三：构思奇巧、设计合理、构图和谐。

（一）构思

　　构思奇巧包括意境深邃、风格高雅、巧形俏色等内容。意境深邃，这里指作品所产生的雕刻景物之外的意趣（关于"意境"，有各种不同的看法和解释，这里不作讨论），或诗情，或画意，状此情此景于目前，言不尽之意于目外，使人产生"此

设计方案一

设计方案二

设计一

设计二

中有真意，欲辩已忘言"的审美愉悦。因此，意趣盎然，富于艺术个性，耐于咀嚼，回味良久者往往为人推崇。风格高雅，指构思的格调脱俗，透过作品能让人感受到一种震撼人心的气质。风格高雅者如出水芙蓉、鹤立鸡群、气度不凡，被视为上品；反之，平庸俗套者则为下。巧形俏色，指根据原石的形态、肌理和色彩进行巧妙的艺术处理。"巧形"，就是要顺应原石的天然形态、石眼的位置和大小、石品花纹的形状和动态等来构思造型，使所塑造的形象既顺乎自然，又与原石的态势和肌理有机结合。"俏色"，主要是运用石品花纹或石眼在色彩上的差异来构思造型，使所塑造的形象，或在色相上相似，或在色差上类似，从而形成丰富的色彩关系。如用黄红膘雕刻的一只蜈蚣，脚呈红黄色，背渐深红色，与真的无异。用鳝鱼黄膘雕刻的核桃、花生也是如此，足以乱真。

（二）设计

设计与构思是紧密联系的，首先应避免模式化、流于俗套。如前所述，按照因材施艺的原则，由于石材千差万别，故设计亦件件新异。若一个模式，件件相似，这难免生硬俗套。砚的设计还要考虑到其品种和功能。例如实用砚主要考虑使用上的方便，砚堂和砚池应有一定的容量，一般应有砚池，砚堂中应能容纳一定直径的圆形，以便于研墨。观堂砚池的位置应让使用者顺手，感到方便。观赏砚则以具有较高的观赏价值为设计之宗旨，要求作品首先满足造型的整体和谐美和艺术个性的体现。这类砚的砚堂、砚池、砚额、砚缘等设计较为灵活，务求变化，务求新颖，各部分的比例和大小亦不必苛求，甚至可不设计砚池、砚缘，总之，一切以美观新颖为目的。实用与观赏相结合的，在设计上要兼顾这两个方面的特点，无论哪种砚，在设计上都要求外形美观，比例协调，图案布置匀称，重心稳定，以符合人们观赏时平面俯视等基本要求。

（三）构图

构图是设计的重要环节，它有时体现在设计稿纸上，并贯穿于整个制砚过程之中；有时酝酿产生于制砚者心中，并在制砚的过程之中不断地得到调整、修改和完善。

砚的构图，大都遵循绘画和一般雕刻之构图原则。从苴却砚的雕刻来看，在构图上尤其讲究整体感，以及主与次、虚与实、疏与密等的关系，讲求其对比和协调，注重作品整体上的诗情和画意，追求意境营造。

1.整体感

苴却砚雕刻十分讲究整体的视觉效果，一切局部和细节均服从于整体的造型要求。认为局部和细节能服从于整体的，能很好地为整体服务的，叫做整体感强；反之，则叫做缺乏整体感或没有整体感。此便是罗敬如先生常说的"如果整体关系不好，哪怕细节处理得多么精致，多么生动，也是没用的，甚至反而有坏的作用"。有时为了获得好的整体效果，不得不忍痛割爱，把一些雕得很精致的细节打掉，"不求工细，但求气韵生动"。故制作中高档砚时，每每一块砚石在手，要观察、体会多时，以深谙石头之神韵。若一时未得要领，便又放下，过几日再拿出来观察，如此反复多次(为了便于观察，需将砚石洗刷干净，

构图一

毛切一

剔除破裂的地方，甚至还要作一些粗略的打磨）。心中有了整体的构想后，才拿出绘图纸做设计稿（或用墨直接在石料上画）。做设计稿的第一步就是要确定一个整体的态势，把握整体的气韵或意境。一切要以整体为纲，从砚池、砚堂的形状设计，到一景一物的摆设、布局，均从整体出发，调整到满意为止。

2.主次关系

有些民间雕刻，不太注意构图的主次，每每平均用力；而苴却砚雕刻却比较讲究主次关系。这与上述对于整体感的要求是一致的。所谓"主"，指某景物或某部分在构图中具有主导的地位和重要作用，是构图中的主体和主要的部分，是作者构思的焦点，艺术的兴奋点，因而也是作者注意的中心，体现了作者的艺术兴趣之所在。反之，则为次。主与次是相对的，相互比较而存在的。把握主与次的关系，可以提高作品的整体感和视觉效果，增强作品的视觉冲击力，吸引观赏者的注意力，从而强化作品的意境，提高作品的艺术感染力。

要处理好主次关系，就不能对主要部分和次要部分平均用力，要使主次形成一定的对比和反差。对于主要的部分的设计，应给予充分的刻画，造型饱满，深镂细刻；而对于次要的部分则可以简略一些，或浅刻略凿，或大块空白，不动刀斧。

3.虚实关系

苴却砚的设计还讲求"虚实相生，以求生动"。所谓实者，即刻画充分、刀斧密集、造型实在。所谓虚者，即刀斧疏略、刻画概括、造型隐约。虚实往往与主次联系在一起：主要的部分实，而次要的部分虚。但有时也不尽然，主要部分有主要部分之虚实关系，次要部分亦有次要部分之虚实关系。有时，为了获得特殊的效果，也对次要部分的某些具体景物，进行精细、实在的刻画。

4.疏密关系

所谓密，指构图中造型密集、充实、紧凑，反之为疏。苴却砚的构图十分讲究疏与密的对比和结合，密处层层叠叠，密集而相让；疏处景物稀疏，造型寥寥，或留做空白（"意到笔不到"）。是谓"宽能走马，密不透风"。

从上述的简单介绍不难看出，砚的设计构图不仅要吸收中国传统绘画的许多营养，而且要结合石雕艺术实际，才能设计出好的作品。

三、雕刻阶段

（一）裁切

裁切就是根据设计，将砚料裁切成形。"子石砚"（砚形是天然形成的）无须裁切。前人裁切砚石主要依靠手工锯石，故称裁切为锯石。劳动强度大，效率低，现在可采用切割机切割砚石，当然手工操作的小钢锯还是有用的。

毛切二

（二）粗坯

粗坯，指正式开始雕刻砚前的坯料。做粗坯的任务是处理好砚侧、砚底的基本形状。砚侧之形态有几种：一种是砚侧上下垂直一致，整齐光滑；另一种是弧形的腰鼓边；第三种是自然边，即保留天然原石的形态，不留人工痕迹。

制好了砚侧的形状后，便可根据砚料厚薄大小，处理砚底，留砚脚。挖砚底的时候也许会出现石品花

精切

纹和石眼，若石品花纹、石眼比原设计的还好，可考虑翻作正面，重新设计、制作。若石品花纹、石眼不如原设计，可留在底部，另作艺术处理。无论哪种情况，在砚底处理工作中遇到石眼和特殊石品花纹均应保留。

砚底挖成凹形之目的，既可以减轻砚的重量，又利于镌字铭文，使刻在上面的字不致磨损。还能减少接触面，使砚容易放置平稳。

（三）打粗形

打粗形是砚面雕刻的第一步，即用打形刀打出砚面雕刻的大体形状和图案。打形可分为两步：第一步是打砚堂和砚池；第二步是打制雕刻图案的粗形。要求打出雕刻图案的轮廓、凹凸关系和层次关系。在打制过程中，要注意保持一定的厚度。不断地调整轮廓和凹凸关系，分清层次。在打形中发现的石品花纹、石眼要重新构思，酌情修改设计，以充分利用这些石品花纹和石眼，发掘其审美价值。

粗坯

（四）粗雕

打粗形的工作完成，离你心目中的成品就不远了，这时可进行粗雕和精雕。

粗雕，是对图案部分基本形的雕刻。例如，树叶是一簇一簇的，粗雕就是要雕出树枝与每一簇树叶之关系和形态；又如龙的粗雕，就要把龙身的基本形态除鳞甲和细微部分外，都雕刻出来；又如人的头发、龙头部的毛须，亦是一簇一簇的，粗雕的任务就是要分清这些毛簇。粗雕一般应把握先易后难的原则，先雕容易的，后雕困难的，这样有利于把握整体关系。

（五）精雕

精雕是对图案精细部分的进一步加工。例如，树叶的叶片、叶子的经脉，龙的鳞甲，龙须的刻画，眼睛的细微部分以及其他部分的刻画和对形体不够干净、光洁的地方的处理等。精雕可按先难后易的顺序进行，深透雕一般应先雕里面后雕外面。精雕时要勤磨刀，保持刀刃锋利，才能雕得精致，雕得干净。

四、修整、完善阶段

（一）调整

一方砚雕完后还要作认真观察，小心收拾，精心整理。调整要遵循"整体——局部——整体"的基本原则，即从整体到局部再到整体的不断循环往复的调整和修改，直到造型准确、生动，层次分明，高低深浅关系正确为止。调整过程中，要随时注意整体与局部的照应，使局部服从于整体。对不满意之处还要进行不断调整，直到满意为止。

设计方案及粗雕

（二）打磨

打磨就是对石砚进行磨制，使其平整、光洁，去掉不应有的刀痕或石纹。前人说"三分雕刻七分打磨"是有一定道理的。因为经过打磨之后，雕刻的形象光洁、圆润，除去不应有的痕迹，打磨还可以使砚体各部分统一和谐起来，使之成为一个完整的有机体。即使是有意留下的刀迹、凹凸石纹等，亦须作适度的打磨，而去其生硬，使其圆熟。从某种意义上

雕刻一

雕刻二

精雕一

说，打磨是雕刻的有机组成部分，是雕刻造型的一种手段。

打磨要先粗后细，由粗磨依次过渡到细磨。

（三）命名

一方砚诞生之后，还要为之命名，为其赋予生命和灵魂。若砚名起得好，可起到画龙点睛的作用，使作品大为增色，所以，制砚者一般都会对这一环节表现出十分慎重的态度。为砚命名，须具有较高的艺术修养和文化造诣，善于发掘砚作的精深内涵和意境，要广开思路，富于足够的想象力，为其觅得佳句。鉴于此，我们通常也会借鉴一些兄弟艺术。

总的来讲，为砚命名主要有以下一些方法和特点：

1.提炼表现题材

大多数命名与砚的构思和题材直接相关，对题材和构思加以提炼和概括，如以敦煌飞天造型为题材的，命之为"飞天"砚。以"长河落日圆"之诗意为题材的，命之为"长河"砚，以"孤舟蓑笠翁，独钓寒江雪"为题材的命之为"江雪"砚。

2.深化主题思想

此法不仅仅停留在对题材构思的概括和提炼上，还在深化题材方面下工夫，使砚名与题材、构思既有联系，又不直接呼出题材，与之若离，含而不露。例如，"水落石出"砚、"听泉"砚等。

3.咏色咏质

这类命名需深谙石质、石品花纹的形、色、质、纹。找出其最重要的特点或妙处，并充分发挥想象而命名。例如，一方石色尤其紫红沉凝，石质尤其柔嫩细腻的砚，命名为"紫云"砚。一方砚额布满"黄膘"、"绿膘"、"黄鳝纹"、"火烙"、"冰纹"
等石品花纹的砚，其整体色调金黄而老练，命之为
"秋色"砚。一方砚，上方刻一黑色的龙，砚池是
"墨趣绿膘"，其花纹自成一团，如深水旋流，命之
为"黑龙潭"砚。

4.力求文雅

砚皆文人雅士之爱物，苴却砚的命名较讲究文雅
脱俗。例如以陶渊明为题材的命之"爱菊"砚。又如
"乘风"砚、"邀月"砚、"思乡"砚、"清泉"砚
之类，都较富文气。

砚名不宜太长，太长则不便称呼记忆。一般为
三四个字，不超过六个字。砚名命定之后，可将砚名
镌刻于砚身之上，有的还铭文以说明命名和更名之
理由。如清代计楠，命"双清"砚时题："梅之香
也古，竹之劲也贞，尔以刻其砚，名之曰双清。"
（《题奚铁生梅竹双清砚铭》）

（四）铭文

铭文者既可以是砚雕作者，也可以是其他人，
有的藏砚爱家自己动手铭文，使砚更为己所爱。铭文
的功用大致有：其一，有的砚整体感欠佳，可适当铭
文占据一定位置以调整构图的布局、重心等。其二，
记载作者、爱家对砚之鉴赏的感受、体会和评价。其
三，记录雕刻制作、收藏的时间、地点等其他事项。
其四，还可通过摹刻他人的书法、镌刻古人诗句以表
达自己对砚的感受。

铭文的地方很多，砚之六面均可铭文。多数砚砚
底制成凹形，以便铭文而磨损不到。亦有观赏砚直接
在砚堂中铭文的。在砚之正面铭文时，应注意文字与

精雕二

打磨一

打磨二

精磨

刻铭

落款

雕刻纹样的配合，以保持或提高构图之谐美，不可弄巧成拙。

古人之铭文颇多妙趣，文意雅然。许多古砚因有铭文而身价倍增。例如，清代程庭鹭《梁大同元年砖砚铭》："土花碧、墨花紫，千三百年我铭此。"宋代文豪苏轼为砚铭文可谓多矣："洗之砺，发金铁。琢而泓，坚密泽。郡洮岷。至中国。弃于剑，参笔墨，发丙寅，斗南北。"（见《鲁直所惠洮河石砚铭》）"月之从星，时则风雨；汪洋翰墨，得此是似；黑云浮尘，漫不见天，风起云移，星月凛然。"（苏轼从星砚铭，见刘演良《端溪砚》第8页)又如苏轼为王平甫铭砚："玉德金声，而富于斯。中和所重，不水而滋。正直所冰，不寒而凘。平甫之砚，而轼铭之。"宋岳飞砚，背镌"持坚、守白，不磷(薄)，不缁(黑)"。此八字铭体现了岳飞矢志不移抗金到底的精神。后来文天祥得此砚，又镌铭明志，"砚虽非铁磨难穿，心虽非石如其坚"，铭文与文天祥浩气长存。

（五）钤印

就是在砚上刻制印章，所刻印章既可与雕刻的图案配合，又能起到平衡和调整构图的作用，也可与铭文配合补白，调整整个砚面的气韵和章法。所以，在砚面上钤印也是十分讲究的。

一般来说，印文的内容，可以是雕刻者、收藏者、铭文者的姓名、字号等，也可以是一两句简单的话，以体现制砚人、铭刻者或者收藏者的精神追求和某些情趣，即在书画作品中常说的"闲章"，以表达各自对砚的理解、感受等。

值得注意的是，与书画所用的印章不同，砚上的印文是直接观赏的，所以，在刻制时应充分注意到这一特点，不必刻成反文。再者，砚面上的印章可直接欣赏，无须印在纸上便可欣赏到印章之"刀味"，所以钤印时也应做好充分的准备。

（六）镌画

以刀代笔，刻出画像，砚底是镌画像的最佳地方。这个地方比较平整且有一定的面积。此外，砚额等地亦可镌画。通过镌画，可以丰富砚的内容，填补雕刻之某些不足。镌画的内容可以是花鸟虫草、山水屋宇、人物及动物。有的在砚底镌刻砚工采石琢砚之画像。有的根据石品花纹镌一两株花草。还有的将砚石产地的山山水水表现出来。罗氏兄弟的一方"启功书法"砚，砚面凸刻启功书法文字若干，砚底镌刻启功先生画像，深受好评。明代天顺进士、文渊阁大学士李东阳收藏的一方砚，砚背镌刻米芾画像，尽管历经沧桑，画面斑驳，但仍显这位文人之大家风范。

封

五、装饰阶段

（一）封

制好的石砚，经过"封"的处理，可以延缓风化过程，延长石砚寿命。封的方法有多种，如蜡封、墨封、油封等。暂不使用的砚一般要全封，即连砚堂、墨池也封，使用时将砚堂、墨池启封。前人对封砚有不同看法，认为砚之上封如"隔云见日，昏翳闷人"，且蜡油不下墨，此语有一定道理。故对于较高档的苴却砚，我们一般采用先封再启封的办法，以保持砚石之原有色泽。

（二）配盒

砚盒自古以来有多种式样，主要有木盒、漆盒、

砚盒制作

内饰

纸盒、锦盒、石盒、瓷盒等。配盒之目的，一是保护砚台，使不被损坏，便于长期保管收藏；二是保墨保水，使不易干涸并养砚；三是增加美观，可弥补一些砚本身的不足，使获得完整协调的审美效果。由此可见，砚盒与砚是一个完整不可分割的有机部分。

　　苴却砚砚盒主要以木盒为主。相比之下，木盒最具韧性、弹性，不会磨损石砚，不易挤碎石砚，是保护砚最佳的材料。苴却砚较珍贵，其配盒木料材质亦很讲究。一般都考虑用比较优质的木材，如选用乌木、檀木、红木、油木、酸枝、香沙等木质细腻、质地坚硬、结构致密、比重较大、变形不大、木纹和颜色美观的木材做高档砚盒。也可用变形小的一般木材制作中、低档砚盒。

　　苴却砚砚盒主要分两种形式：一种是全盒密封式。盒分为上盖加托底(底带脚)两部分。底与盖完全接触，将砚石完全包在其中，封闭严密。另一种是天地盖式。此式样又分为两种。一种是托底加盖式，另一种天地密封式。前种是底和盖不合拢，不接触，四边露出砚石侧缘，但盒盖要封闭砚面，以保墨保水，托底木料要稍厚，这种砚盒启盖灵活，使用方便，节省木料，不易损坏，还不用打开就得以观赏砚石，适合于较厚重的砚台。天地密封式，盖厚，托底薄。盒底保持一定厚度（2厘米左右），盒盖根据砚的厚度而定。底与盖接口处均有子口连接，起到封闭作用。

　　砚盒面上可镶嵌名贵石料，也可雕刻图案，起装饰作用。

"童趣"砚

　　现代　藻纹石皮、黄绿膘、小石眼　长46厘米　宽35厘米

　　此砚以天然藻纹石皮巧作山石，以黄绿膘精刻野菊花数簇，其叶绿翠，其花金黄，尽取天然本色，十分难得。其砚堂如月，眼如疏星；砚额刻饰一对小鸟驻足于石上，似在私语，也为砚平添了许多情调。

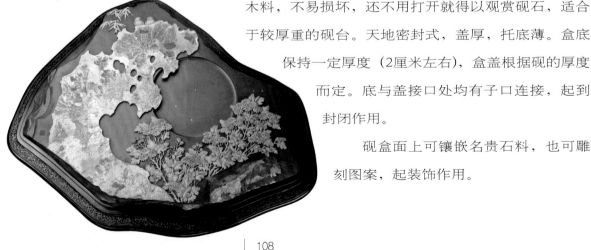

第六章

苴却砚砚雕艺术

“汉风”砚

现代　青铜石、石线　长42厘米　宽30厘米　天苑艺苑供图

此砚以褐黄色石材精雕为残书简、积土，其造型色调逼真，砚额上精琢以蜥蜴，又似在演绎沧桑之后的新生。颇有新意。

一、苴却砚砚雕艺术的特点

（一）发挥细韧的石质特色

苴却砚石颗粒十分细小，石质致密，“抚之如婴肤”，手感极为舒适。根据地质矿产部综合岩矿测试中心的测试报告：苴却砚石粒径在0.0066～0.024mm。而刘演良先生之《端溪砚》记载：端砚砚石粒径一般在0.01～0.04mm。可见，苴却砚石的细腻程度比端砚砚石细近一倍。且苴却砚石石色紫黑沉凝、润泽，面对这样颗粒细、柔韧的砚石，不仅易于奏刀，还适宜雕刻十分精巧细致的题材和纹饰，所以应该充分发挥砚石材质本身细韧的特点特色，在适宜精雕细镂的题材纹饰中尽情发挥。

（二）因材施艺，充分发挥

即根据石料的天然造型、肌理、石色图案纹饰等特征，充分发挥作者想象力，选择确定出与之相适应的表现题材，然后稍事雕琢而成，便可成就砚作鬼斧神工、天然成趣的砚雕艺术风格，使砚作表现出最大的张力和艺术特点。如“深宫杂耍”砚就是根据石材的天然石色图案雕就，其砚石上天然的“墨趣绿膘”形成有五个杂耍人物，作者只是发挥想象，稍事雕琢，就表现出了五个姿态各异、栩栩如生的人物神态。又如“白云”砚,砚面伴生的“冰纹”，犹如白云游于晴空，具有“白云千载空悠悠”的意境，作者便据此诗意配刻了“黄鹤楼”，一方以“黄鹤楼”为题材的砚便诞生了。再如“江雪”砚，大片的“荡”

“一缕金晖”砚

现代　长42厘米　宽28厘米　高4厘米　罗氏石艺供图

清晨，骄阳初上，一缕金晖将山水林木洒上金黄色。

中，作者深切感受到了"千山鸟飞绝，万径人踪灭"的意境，于是配刻以"孤舟蓑笠翁"，便完美地诠释了柳宗元的《江雪》的诗意。

石眼多、石眼大是苴却砚的又一特点，所以如何用眼也成为衡量苴却砚砚雕艺术高低的一个重要指标。

所谓"用"，就是根据石眼的成色、大小、形状、位置或石品花纹的色泽形态等，把它们看做砚雕艺术处理的重点，使其成为表现内容和题材中的重要部位甚至是关键部位，使其与砚作形成浑然天成、缺一不可的表现艺术。砚石中的石眼和石品花纹本来是珍贵的，且具有较高的审美价值，如果用上，而且用得巧，用得绝，用得活，不露生硬即为上品。如"牧牛"砚，作者根据石眼在砚石中的位置，将石眼巧妙地化作"水中之月"，并在牛背上雕一牧童，以树枝戏之，加之树枝末端雕有两片绿叶，宛若再生，使整个砚作动中有静，妙趣横生。值得一提的是，作者以其中的另一个形态较小的石眼，巧雕为牧童手中树枝上的两片树叶，即化解了池中一大一小两个月亮的弊端，又使画面意境得以完整表现，可谓一箭双雕。

由于砚材系天然之物，石体伴生的各种石品亦不能尽如人愿，随心所欲地去添加，只能去改变，施以巧妙的"减"法，变减为加，为砚作所表现的主题添色增彩。因此，可以毫不夸张地说，每块砚石都具有其特殊性和唯一性，所以就要求我们每位砚雕艺人不但要具有扎实的基本功底，还要具备丰富的知识和想象力，更要具备一定的艺术造型能力，使那些具备艺术加工潜质的砚石得以体现更高的艺术价值和审美价值。

"清趣"砚

现代 彩纹膘 长35厘米 宽25厘米 罗氏石艺供图

天然石肌留为残荷，无砚缘，更见清池阔远；唯见独蟹横行，堂中石纹如水波轻泛，清雅怡淡，简洁洗练。

"金山幽居"砚

现代 金黄膘、石皮、线 长41厘米 宽25厘米 石语轩供图

金黄是深秋的标志。是砚金黄弥漫着山村，金色的山岩、金色的树木、金色的小桥和茅屋，连天边的云彩也是金色的……宛如金碧山水。

"云深之处"砚

现代 黄膘、绿膘、水墨晕 长30厘米 宽20厘米 石语轩供图

是砚基于黑色砚材，以黄绿膘自然形成云雾，状如云腾雾绕，浓淡相宜。实为天赐奇材。

二、巧妙处理各种石品花纹

（一）"膘"的处理

"膘"的种类很多，从整体上看，主要有"绿膘"、"黄膘"、"瓷石红膘"等。其色彩变化甚多，有碧绿、粉绿、嫩绿、褐黄、金黄、胭脂红、肉红、橙红诸色，且色彩十分丰富。"膘"大者层状，小者斑块状结构于砚石之中。

层状绿（黄）膘的艺术处理一般有两种：一是黑底绿（黄）纹，二是绿（黄）底黑纹。黑底绿（黄）纹一般选用黑色层较厚，"膘"层较薄，均匀的砚料，以绿（黄）膘层作浮雕纹样，透出黑底；绿（黄）底黑纹，一般选用"膘"较厚、黑色层较薄的砚料，以黑色层雕刻图案纹样，透出绿底。此二法制出的砚图案性强，古朴典雅。

斑块状绿（黄）膘由于大小不一，形态多样，色彩丰富，在造型时，作者根据具体情况来构思，往往采用巧色、巧形、巧质、巧布局等法，或作残荷浮萍，或作花鸟虫鱼，或山石景物，或人物器物，或抽象造型，有的观云随想，无拘无束，有的突发奇想，造型栩栩如生，令人拍案叫绝。

（二）"金点"的处理

"金点"有黄金闪光，形小而亮。且却砚往往用"金点"作人物的首饰（如戒指、耳坠）、花蕊、器物和建筑物的镶嵌物，以及飞禽走兽的眼睛等。其中用作高浮雕人物的首饰十分难得，因为"金点"较小，而人物造型立体，不可能事先设计好，只有一半靠巧合，一半靠在雕刻中的应变能力，才能做到。

　　有时还用"金点"与石眼配合，如以石眼作月，"金点"作星，造成月明星稀之意境。

（三）"荡"和"冰纹"等的处理

　　有的"冰纹"天生如白云浮空，或浓或淡，或聚或散，苴却砚的作者往往根据此天然石品花纹，构思与云有关的题材。如与石眼配合，以石眼作月，"冰纹"作云，配刻花草，便得"云破月来花弄影"之意；或配刻山水屋宇，可得"白云生处有人家"之境；或配老树古寺，即得"白云满地无人归"之情。有一方砚，取崔颢《黄鹤楼》诗意，用简练刀法刻出黄鹤楼，天空中的"冰纹"恰如白云翻卷，飘然欲动，形成"黄鹤一去不复返，白云千载空悠悠"的怀古之情。"冰纹"或作山泉小溪，或作烟雾等，亦别具风韵，如此等等。

　　"荡"，薄薄一层覆盖于石面。有极妙者恰似一幅乳白色的天然雪景，制砚者巧妙构思，配刻一小舟和老翁独钓，以合柳宗元诗"千山鸟飞绝，万径人踪灭，孤舟蓑笠翁，独钓寒江雪"。

（四）"彩线"的处理

　　金线和银线的处理有不少成功的例子。在苴却砚雕刻中，常用作柳条、树枝、花草的茎、干等。例如"浴牛"砚，砚额上有七八条略微有些倾斜的银线，作者用作柳条，配刻肥嫩的柳叶。由于银线略微有些倾斜，给人以被微风吹拂之动感。作者还在池内刻一浴牛，整个画

"春雨"砚

　　现代　石眼、绿膘、石线　长52厘米　宽33厘米　敬如石艺供图

　　"雨不大，细如麻，断断续续随风刮，东飘，西洒，才见住了，又说还下，莽莽苍苍，山寨一派淡墨画。"斯砚如是。

"篾艺宝盒"砚

　　现代　黄膘、绿膘、青花　长12厘米　宽9厘米　罗氏石艺供图

　　巧用天然黄绿膘，恰如篾编，俏色精刻蜘蛛、片叶以添生气。

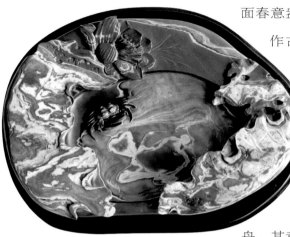

"流光溢彩"砚

现代 彩纹膘 长39厘米 宽26厘
米 厚德斋供图

是砚有多层彩纹膘，色纹美艳，作者以
彩纹刻写意荷叶、荷花，砚堂流光溢彩，与
一侧爬出的螃蟹相映成趣。

投壶形砚

现代 石眼 长30厘米 宽20厘米石语
斋供图

珍贵石眼巧留，刻为仿古砚，更见古韵
悠长。

面春意盎然。又如"石头记"砚，利用其"金红线"作古线装书之装书线，十分逼真。整个砚造型为一本古书，残蚀虫蛀，给人以悠悠古远之情。苴却石中有一种叫"线石"，石面天生若干笔直石线，等距离较均匀排列在上面，雕刻者往往运用这种线石作书法砚、碑帖砚，颇为妙绝。还有的利用水平状金、银线来表现湖水的平静无波，再配上小舟，其意境宁静闲适。

（五）"复合膘"的处理

苴却石的石品花纹之另一种情况是，一块石料往往多种石品花纹共存，相互重叠渗透，而产生出意想不到的色彩和图案，这就是"复合膘"。"复合膘"往往绿、黄、红等诸色斑驳陆离，有如大理石般花纹，气象万千。这类复合石品花纹因其珍奇难得，故制砚者十分珍惜，无不精心构思，巧妙利用，因形因色，作出谐美构图。有时天然成画，只需稍事加工，作画龙点睛之术，即成绝品。

（六）"眼"的处理

石眼是苴却砚最重要的特征之一，若处理得好，可以大大提高其审美价值，若处理得不好，则会减弱或破坏其审美价值，故制砚者无不在石眼处理上狠下工夫。

对石眼的处理，特别强调一个"用"字，就是在不破坏石眼自身美感的条件下，尽可能让石眼在构图中成为一个适合而又重要的角色，并且适其形而巧其色，使石眼在构图中突现其审美价值。如果石眼显得可有可无，便被视为没有用上。制砚者普遍认为，石眼没有用上，便不能提高价值，谓之遗憾；若石眼在砚中反而显得碍手碍脚，便对石眼本身的价值起破坏作用，谓之可惜。因此，石眼是否用上，是苴却砚石眼艺术处理上的一个首要问题。

当然，如果用得不好，同样收不到用的艺术效果。

苴却砚雕刻讲究根据石眼的特点来用，贵"自然、巧妙"四个字。自然，就是要用得不留人为痕迹，和谐自然，仿佛构图不是去适应石眼，不是去"用"石眼，而是石眼本来就是为构图而生的，本来就是为构图服务的。常见的如"二龙戏珠"砚的"珠"由石眼充当，便是用得较为自然的例子。巧妙，就是用得恰到好处，给人以巧合的感觉。具体说，可分为巧色、巧形、巧质、巧布局等。

巧色有两种情况：一是石眼的颜色与它所表现的景物的颜色恰巧吻合。例如，用小石眼充当人物翡翠玉饰，翡翠本为碧绿色，而石眼也是绿色，二者颜色相似，构成巧色；二是从色差对比上看，石眼与砚石的色差关系与石眼充当的对象与砚石充当的对象之间色差关系相当。例如以石眼充当月亮，色度上显得明亮，以黑色的砚石为背景表现夜空，色彩上显得深暗，二者色差对比大致相当。

巧形是指石眼的形状与所表现对象的形状恰巧吻合。石眼多为圆形或微椭圆形，一般用作月亮、珠宝等，已属巧形之列。不过用之太多、太普遍也并无新意。而有些非正圆形的石眼，如果用得好，相比之下更显得巧妙有加，十分喜人。如一方"硕果"砚，就将其中的一个葫

琴形砚

现代 石眼 长25厘米 宽17厘米 听石轩供图

以硕大鲜活的石眼为饰，雕琢细腻工整，再现古砚风采。

"月上寒山"砚

现代 石皮、绿膘 长35厘米 宽26厘米 天苑艺苑供图

斯砚膘眼俱全，作者将石眼巧作为月，以天然石皮成就冬日韵味，远山峰顶披翠，恰如月上寒山，熠熠生辉。

"皓月初升"砚

现代 绿膘、石眼 长62厘米 宽23厘米 敬如石艺供图

砚石取材天然，剥离肌理，将圆正硕大的石眼巧作皓月，并精雕以乡野茅舍，于粗犷之中尽显砚雕艺人高超技艺。殊为难得。

"瀚海龙韵"砚

现代 石眼 长40厘米 宽27厘米 罗氏工艺供图

精选石眼莹洁圆正砚材，或留为星月，或意为珠宝，神龙遨游其间，但见祥云如海，神威如仪。精工细刻中更见龙族胸怀四海、吞吐日月的精气神韵。

芦形石眼巧雕为葫芦，再将两条银线巧雕为藤架，就取得了很好的艺术效果。

巧质即石眼本身的质地与所表现对象的质地相吻合。一般石眼质地晶莹滋润，用来表现珠宝翡翠，可获得宝气珠光的质感；用来表现月亮，又可获得晶莹通明的质感；还有的石眼有斑纹、麻点，用来表现五色卵石等，质感也很强。

巧布局是指石眼的数量和位置与所表现的景物相吻合。例如七个石眼的布局如北斗七星，表现"七星捧月"砚就十分恰当。又如仕女的耳坠恰好由一颗小的石眼充当，已十分巧妙，而若两耳坠均由两颗小石眼充当，便自成妙绝之举。如"太白醉酒"砚，就可用两颗大小相异的石眼表现天上有一月一星，再用另外两颗大小相异的石眼表现流出的酒中倒映着的一月一星，相互对应而又有所别，堪称绝妙。

一般来说，根据"石眼"的特点大致分以下三类情况。

1.圆眼的处理

如砚面上只有一个又圆又大的孤眼，即可表现夜空中的明月，配上几缕淡云，便形成月明星稀、月白夜黑的意境。此类孤眼还可表现多种题材。诸如月明松风、山鬼、举杯邀月、夜游赤壁、静夜思、秋虫鸣月、嫦娥奔月等等；亦可作宝、珠，以龙戏之，龟蛇嬉之；还可作太阳，以凤朝之，夸父逐之。若砚面伴生有多个较大的石眼，就可雕作某种圆形的宝物，如"双宝"、"戏珠"

等；也可雕作圆球状，以龙凤戏之，龟蛇嬉之，神鬼捧之等等；还可以雕为水珠，残荷托之，蜻蜓吸之；或作卵石，鱼蟹匿之，虾虫间之；或作水泡，美鱼吐之，神女呼之。若石眼小而多，或作花朵、花蕊，或作人物的首饰，或作动物神怪的眼睛，或作珠宝，镶嵌在衣饰或建筑物之上，漂浮于繁花彩云之中。如此等等，不一而足。这类构思用来表现诸如"敦煌飞天"、"天女散花"之类的题材，可造出繁花似锦、宝气珠光、富丽堂皇的气氛。

　　2.亮眼的处理

　　"石眼"之亮的特点是由石眼与砚石的明暗反差形成的。亮眼的石色一般是碧绿、翠绿色的，比之黑紫色或黑色的砚石要明亮得多。制砚者十分注意这种色差对比，并努力以此来增强艺术效果。例如，由于石眼相对明亮，便可用石眼巧雕为某种动物或者神兽的眼睛，以表现其"目光如炬"的效果。又如以石眼作明月，由于明暗对比的关系，令人感到明月更明，夜色更深。此外，制砚者还注意到，从面积对比上看，在大片的紫黑色基调上，几点响亮的绿色是很引人注目的。因此，石眼及石眼周围地带往往是视觉注意的中心。利用这一特点可突出主体，增强虚实感。将主体部分安排在石眼近旁，并予精心设计布局，可以使突出的部分更加突出。例如"龙凤戏珠"的构思，将龙、凤的头部置于石眼的附近，整个结构显得集中，整体感强。

　　3.活眼的处理

"织月"砚
　　现代　石眼　长38厘米　宽24厘米　敬如石艺供图
　　月明星稀，万籁俱寂，彝族阿妈还在月下辛勤的纺织，夜空中阵阵梭声飘过，阿妈脸上绽放着幸福的笑容。

"宫廷宝盒"砚
　　现代　石眼　长18厘米　宽9.6厘米　高7厘米　罗氏石艺供图

"天女散花"砚

现代 石眼 长64厘米 宽30厘米 罗氏石艺供图

石眼碧翠高洁，莹润鲜活，配刻散花仙女，便有星光灿烂、天际广博无垠之意境。

"童趣"砚

现代 石眼 长45厘米 宽32厘米 志丹石艺供图

作者巧取翠绿的石眼化作晶莹的泡泡，老牛悠闲地静卧在池塘一侧，泡泡在自由的游弋，天空中的几只小鸟似乎也为绚丽的泡泡所吸引，其中一只还驻足在牛角上，好奇地注视着孩子的杰作。童心、童趣构成了一幅温馨的图画。

活眼是指有心、有环、有晕、有彩等且自成一体的石眼，如果其结构完整，瞳睛分明，石色鲜活明亮，就可以说是一个完美的眼睛。所以一只活眼或者一对活眼本身都具有很高的观赏价值。

对于瞳睛分明、石色鲜活的活眼，在苴却砚砚雕艺术创作中，砚雕艺人一般都非常注意保持其完整性，绝不轻易破坏。如一方"波斯猫"砚，砚面刚好生有两个石眼，其大小形态相同，有"睛"有"瞳"，外形又不是太大，而且一个是绿色，一个是黄色，作者就根据波斯猫眼睛天生是一绿一黄的特点巧雕为猫眼，十分妥帖。

由于苴却砚石中伴生的眼各不相同，有的环多，有的环少，还有彩眼、麻眼，在具体处理时，制砚者充分注意到它们各自的差别，尽可能地发掘它们的审美价值。如碰到没有"心"的"死眼"，或成色极差，谈不上什么相对独立的审美价值时，制砚者便往往破坏其外形的完整性。如将其雕刻成一只小昆虫，以获得巧色的效果，从而提高其审美价值。

在苴却砚砚雕艺术中，用得巧妙、自然者甚多。例如一方"敦煌飞天"砚，刻有三个飞天，其中两个飞天所托之宝，就由石眼雕刻而成，另外两个飞天手中花束的花心就由小石眼巧雕表现；作者还将砚面许多大大小小的石眼雕刻成天女散出的飞花、飞宝，有的还巧雕成飞天的头饰、耳饰、胸饰等等；更绝妙的是，作者在一飞天左右双臂各雕有一饰圈，饰圈相对的位置上都嵌有一颗珠宝，此珠宝也是由小石眼构成，且左右两手姿态各异，高低不同，令人拍案叫绝。

苴却砚石之石品花纹十分丰富，很难一一尽述，还有"边皮"、"火烙"、"鱼子纹"、"翡翠"、"胭脂冻"等。这些大都因其形巧其色而用之，例如长河砚，砚额有一死眼，死眼下方横贯砚额有一带状青色"火烙"，宛如江水东流，作者利用此"火烙"与"石眼"位置特点，配刻战马，顾首长鸣，于是顿生"长河落日圆"之意境。还有的边皮色彩绚丽，花纹精妙绝伦，如诗如画，制砚者亦十分重视，并尽可能充分利用来为整体造型服务。

还有一些石品花纹是不好进行艺术处理的。例如，青花、暗水纹、鱼脑冻等。这些石品花纹本身就具有较高的欣赏价值，一般不考虑用，任其自然，只注意把这些石品花纹尽可能保留下来。

三、结构及线与面的处理

（一）结构的变化

大家知道，砚本是一种研墨的实用工具。在几千年的发展演变中，砚的造型经历了砚板、饼形砚、箕斗砚、砚山、三足砚、多足砚、抄手砚、太史砚、淌池砚等多种变化，就砚形来说就有正方形、长方形、圆形、椭圆形、随形等多种形式。尽管数千年来砚式多有变化，但砚的结构变化不大，均有用以研墨的砚堂、墨池以及覆手、砚缘等，且都是按照一定的大小比例琢制而成。如典型传统砚砚堂的面积应占整个砚面的五分之三或者三分之二，砚堂应占

"秋染深湖"砚

现代　黄膘、金黄膘、青花、火烙　长25厘米　宽24厘米　厚德斋供图

石材金黄膘向黄绿膘的自然过渡，令精雕的山村小景尤显富丽美雅，堂中巧留的金黄膘其色、形富于变化，如彩霞辉映清池，且动感十足。

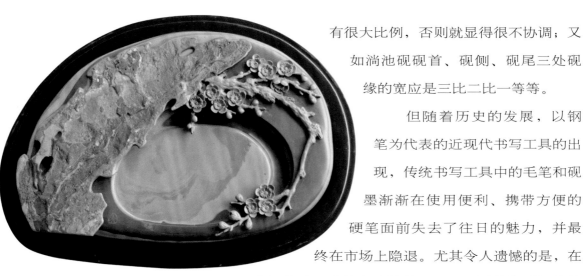

"疏影"砚

现代 石皮、黄绿膘、火捺 长29厘米 宽20厘米 石语斋供图

天然石皮色艳红，尤可观，巧留之。俏色配刻一枝新梅，其上黄红色点缀，亦可观。堂中留绿膘，其中晕渗之火捺纹恰如水波轻泛，此为一枝新梅的绝妙陪衬。

有很大比例，否则就显得很不协调；又如淌池砚砚首、砚侧、砚尾三处砚缘的宽应是三比二比一等等。

但随着历史的发展，以钢笔为代表的近现代书写工具的出现，传统书写工具中的毛笔和砚墨渐渐在使用便利、携带方便的硬笔面前失去了往日的魅力，并最终在市场上隐退。尤其令人遗憾的是，在20世纪前后，随着电脑的普及，不用说传统砚墨的使用，就连曾经几乎人手一支的钢笔也失去了往日的光环，坐失了以往书写工具霸主的地位。

而随着上世纪收藏文化盛行之始，直至今日中华文化复兴之际，我国传统文化瑰宝中的砚再次走进了人们的视线。但与往日不同的是，此时砚的使用功能已少人重视，而看重更多的则是其观赏价值和收藏价值。

在新时期恢复生产加工的许多苴却砚便是在很大程度上为适应这种需求而创作的。从目前市场上常见的苴却砚看，其主流作品大多取随形，砚堂较小，砚额、砚侧或者砚缘都雕饰以山水、房屋、人物、花鸟走兽等等，且砚背处理得也较为简单，无覆手。

当然，这种情况亦非全部。在现今的苴却砚砚作中，也不乏传统砚式中的规矩形砚，其设计制作不仅遵循传统砚式的结构比例，也遵循苴却砚因材施艺之原则，只不过这种结构比例的要求很大程度上使砚雕艺术受制于此，不能多方面、多角度地展示苴却砚丰富多变的石色纹理罢了。

（二）线与面的处理

苴却砚的雕刻技法的一个重要特征，就是充分吸收了中国传统绘画对线的运用手法。我们知道，线是中国绘画中首要的表现手段。经过二千多年的发展，绘画中的线条与中国书法相结合，相映成趣，极大地丰富了传统绘画与书法的表现力。

与书画艺术一脉相承的砚，其装饰手法中的线与面可以说是一个构图问题，也可以说是一个表现技法的问题。从构图上讲，线与面布局的分配和使用，很大程度上是砚作虚与实、刚与柔、粗与细、端庄秀美与浑朴粗犷等艺术风格的语言表达，是至关重要的。从表现技法方面讲，砚作装饰的线、面与刀法是紧密联系的。用刀的力度、角度、疾徐不同，就会产生深浅、粗细不同的线；用刀的方向、刀的宽窄以及轻重、角度不同，亦会形成不同的面。因此，刀法的丰富性大大丰富了线与面的艺术表现力。

这里主要从用刀的技法上加以阐述。

苴却砚雕刻对线的运用主要表现在两个方面。其一是表现精细均匀的线条。刻这种线，要保持刀的角尖接触石面，用力轻而均匀，运刀稳健，刻出的线条如工笔画之精细流畅，毫无滞感。这种线经常用来表现浅浮雕的水纹、云纹，有时用来表现动物毛发、人物身上的衣纹以及古代器皿的饰纹等，线条具有精

"赏月"砚

现代　黄绿膘、火捺、石眼　长54厘米　宽28厘米　听石轩供图

作者巧将色调富有变化的黄绿膘雕为山石树木，以黑色的石体为背景，精琢以"赏月"夜景，砚堂中的倒影随舟漫漶，诗意盎然。

"幻彩"砚

现代　藻纹石皮、绿膘、金黄膘、青花、火捺　长43厘米　宽32厘米　罗氏石艺供图

以藻纹石皮喻月下朦胧林木，以金黄膘层雕湖畔村舍，远处一叶小舟荡漾，砚堂中金黄膘如彩月辉映，幻彩聚积,尤其添彩。

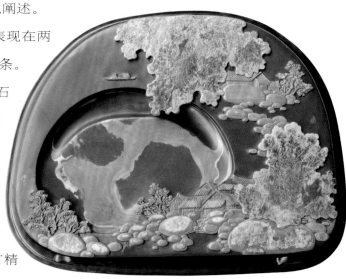

"春满人间"砚

现代　火烙、石眼　长55厘米　宽25厘米

巧取奇眼，精刻散花仙女，其天然小石眼俱巧用之：或为花心，或为花朵。仙女仪态婀娜，裙带飘逸，祥云簇拥，美雅至极。

致、柔和、秀丽的美感。其二是表现粗犷顿挫的线条。刻这种线运刀要有疾缓的变化，且角度多变，用力则有轻有重，讲究起落，刻出的线条起落转折、抑扬顿挫，宛如中国的写意画之线条。这类线条充分体现了作者的艺术个性，亦见运刀之功力，常用来表现山石、衣纹、花草树木等。总之，通过对中国绘画中线条运用的吸收，大大丰富了苴却砚砚雕艺术中线的表现力，使作品具有鲜明的地域风格。

面是塑造景物富于立体感的主要手段。苴却砚砚雕艺术同样十分讲究面的表现。或细腻光滑，丝毫不露斧凿痕迹；或刀痕肆意，纵横错落，宛如大斧劈成。采用哪种技法，要根据塑造对象的形态、质地和构图的需要而定。

将线与面这两种技法结合运用，便使作品愈显生动。苴却砚砚雕艺术十分注意线与面的结合，最常见的是面上用线。例如古装仕女的服饰，若只有面而无线，则显得平板而毫无古装之风韵；若在表现形面体积的基本上，再刻饰以顿挫有致的线来表现衣纹，再用精细均匀的线刻出衣服上的花纹图案，古装仕女的造型繁复而华丽的服饰就立即体现出了其典型的身份特征。再如山水砚中，多面的山体表现出了山的体积感和高耸的山势，但唯有在"山体"表面再施以各种粗犷的线条和肌理，才能体现自然山水的韵味。

四、各种雕刻手法的应用

作为一种雕刻艺术，砚雕与石雕在雕刻手法上具有很多的相似之处。常规的砚雕表现手法有线刻、浅浮雕、深雕、透雕等，而苴却砚在仅十余年的时间里，结合砚石的特点又有一些适合自身的雕刻手法。经简单归纳，或有借鉴作用。

（一）分清层次

层次，就是诸多表现对象的前后空间感，一般分为前景、中景和远景等，有的可能还更多。为了合理地利用砚材的特质，恰当地有效地表现诸多景物，我们就有必要做到心中有数，在进行雕刻前将诸景物的空间顺序、穿插层次弄清楚，要知道前一层雕什么，后一层或几层雕什么，胸有成竹。必要时还需勾画草图来确定。当然，在具体操作中也可能存有很多变化，但只要我们把握好总体布局，就可以随时在雕刻过程中进行必要的调整和修改，还可以不断深化。所以，合理的布局和分清层次是很有必要的，否则就会出现层次不清、一片混乱的局面。

需要提醒的是，在雕刻过程中，还应注意预留一些空隙，以表现不同题材的布局和节奏。行业内人们常说的"留白"，即要求空隙要留得巧妙自然，以便于在毫无造作的狭小空间内表现远景，还要使远景

"初冬"砚

现代 石皮、绿膘、复合黄膘 长50厘米 宽30厘米 罗氏石艺供图

此砚将褐黑色石肌雕为山坡、树木及茅舍，并巧留石皮作积雪，使其在变换的暖冬正午产生了丰富的色彩。其色调丰富，暖意融融。

"水乡"砚

现代 黄绿膘 长76厘米 宽25厘米 罗氏石艺供图

坚实的大山脚下是一望无际的湖水，水天处飘着几朵淡淡的彩云。湖畔村落在紫黑的背景衬托下显得格外秀美、宁静。黄绿膘与黑石层之自然晕渗，经作者俏色精雕便有了水墨浸染的特殊效果。

能在这很小的空间之中得到充分体现，不能给人以生硬、故意开"窗口"的感觉。

"北国风光"砚

现代 石皮、绿膘、青花、火烙晕 长53厘米 宽20厘米 罗氏石艺供图

以天然石皮巧留、浅雕为北国之雪岩冰枝，以绿膘为背景，开黑色砚堂，加精致雕刻，使整个作品尽显北国冰封景色，层次清晰，景致绝妙。

（二）浅浮雕

指所雕刻的层面较浅、较薄，雕刻的形体不十分凸出，注重平面效果，但也要表现对象的不同层次。浅浮雕的技法主要有层叠、透视等。

（三）层叠

浅浮雕的表现同样要有层次，甚至还可以表现更为丰富的层次，这是因为浅浮雕表现层次反而更容易一些。浅浮雕的层次都较为扁薄，各层次之间无须粘连，而是紧紧贴一起，好像将一个个立体的景物前后挤扁，贴在一起，但前后景致却依然能保持各个层次的空间关系。在表现操作时，层叠以递减技法分层表现，即前景比远景相对厚一些，越是后面层次的景物，雕刻的厚度越薄，谓之"层层递减"。

（四）透视

在雕刻中，透视是一种推远和拉近前后景致的最常用的方法。是通过平面绘画等手法展示实景前后关系的一种艺术表现方法。具体有焦点透视、多点透视和散点透视等。在我国传统绘画中，常以散点透视法表现视野中的山水、建筑等，具有极目千里、视野开阔的特点。在砚雕艺术中，因常表现有山水建筑等题材，所以，透视也就成为砚雕艺术中表现山水题材的常用手法之一。

浅浮雕的透视关系大致与中国绘画的

"竹排放歌"砚

现代 石皮、绿膘、青花、火烙晕 长47厘米 宽31厘米 厚德斋供图

河之两岸竹林葱郁，蕉林茂密，宽大的蕉叶下半隐着芭蕉。随着装满芭蕉的竹排漂流而下，蕉女欢乐的歌声随着清风掠过。

透视关系相同。大多情况下采用散点透视，即有若干视点的透视方法，表现山水时，亦采用平远、中远、高远等透视方法，即所要表现的景致主要靠其前后的高度来决定，如前面的景物必然比后面景物高，前面的物体要比后面的大，如此等等。也不排除使用焦点透视。

（五）高浮雕

相对于浅浮雕而言，高浮雕是指所表现图案纹饰凸起部位明显高于砚体的一种表现手法。其特点是所表现物体形体较为突出，立体感强。其表现技法主要是尽可能使形体圆浑，使所塑造的形体从背景中凸现出来。为了达到此目的，根据不同的情况，又可采用不同的具体处理技法：或整个形体的绝大部分凸出，或一半或者三分之一凸出，或仅仅使形体之主要部分凸出。也就是说，高浮雕的圆浑亦是相对的，只要有某些部位突起较高，便能达到圆浑之效果。故仍需遵循递减法则，即前面的部分浮起较高，后面的部分依次递减，这样在视觉上便造成了很立体的感觉。高浮雕较为适合表现那些单个的物体，例如，瓜果、动物、人物等。

（六）透雕

即深层次、多方位、多角度的雕刻，其表现手法介于浮雕和圆雕之间。透雕的主要特征是所表现物体或前后、或左右、或上下有孔洞，以表现物体玲珑剔透、圆转灵活的特点，给人以"透气"的感觉。在苴却砚砚雕艺术中，

"新月"砚

现代 绿膘、石皮 长47厘米 宽30厘米 石语斋供图

巧以绿膘精刻水乡村落，其参差的山石、婆娑的树木、错落有致的村舍一同沐浴在皎洁的月光之下，小桥流水潺潺，一轮新月如钩，至美如斯。

"硕果"砚

现代 石线、黄褐膘 长57厘米 宽39厘米 听雨轩供图

砚面以天然黄褐膘石精琢散落的核桃和花生，其形、色、韵几可乱真，以致引来蜘蛛觅食，精妙之极。

透雕主要的手法是钻孔。但钻孔容易造成糟、烂的局面。因此苴却砚雕刻应注意两点：一点是"宜少勿烂"，可谓惜孔如金，非钻不可时才钻。第二点是，不能留下圆洞，钻了孔之后，一定要用刀进行雕刻，根据所雕刻对象的形状，将圆孔雕刻成不同的形态。深雕的工具亦与其他工具不同，一般采用很窄、细长的工具，这样便于伸到深层部位，如前所述的弯形刀具，形如挖耳，可伸到一些拐角之处。

（七）粘连

粘连是透雕技法中的一种表现手法。即指所雕刻对象的局部之间是没有完全割裂开来，使之既能展示物体的完整性，又不至于因断裂而造成遗憾，主要起连接加固的作用。从效果上看，物体之间虽然相互连接，但看上去却给人以各自独立的感觉。粘连的表现技法有二：一是藏粘，即把粘连的地方藏在看不到之处。为了藏得好，有时用一般的工具很难做到，罗敬如先生曾研制了一种弯曲的刀具，就足以满足一般刀具难及之处，十分方便。二是使粘连的地方自然连接，在构图时就要考虑到所刻的景物要相互有一些连接，否则一旦雕透就容易脱落。这些连接之处要处理得自然，切忌生硬强扭。一方面起到粘连的作用，另一方面又不能给人以硬扯在一起的感觉，而是雕刻对象之间必需的、自然的连接。

（八）浑实

指所雕刻物体要表现得较为圆浑、厚实。一般适用于砚体宽大厚重者、所表现层次不宜太多的情况。若雕刻的层次较多，而形体又扁薄，则反而达不到深透之效果，给

"君子"砚

现代　青铜石、银线　长40厘米　宽25厘米　敬如石艺供图

此件作品取青铜石特有的褐黄、褐红色与褐绿镂雕而成，其石色相融，华而不艳，与通透的镂雕技法一起呈现出谦谦君子之风。

"国华"砚

现代　绿膘、金黄膘　长33厘米　宽24厘米　罗氏石艺供图

作者以高浮雕、粘连等砚雕技法生动地再现了牡丹雍容华贵的本色。

人的感觉只不过是几层薄片重叠在一起而已。从这个角度看，"浑实"对于深透是必不可少的。而事实上，因常在表现一定空间的层面上雕刻，"浑实"并非所雕刻的各个层面都要达到相当的厚度，也不可能刻得太厚，故浑实只是相对而言的。

一般情况下，"浑实"所表现的规律是：最上层要求较圆、较浑、较厚，第二层可稍扁薄，第三层更为扁薄，即层层递减其浑圆度。即使是第一层，亦非完全地浑圆，只要视觉上感到是浑圆的就行了。

尽管砚雕在我国明清时期已形成了粤派、徽派、宫廷等艺术风格，但作为一个富有丰富石品的苴却砚来说，我们不可能一味地去模仿和照搬各砚雕艺术风格，只能结合苴却砚的特点和优势学习它们的长处。目前，苴却砚雕刻的表现手法大多结合上述几种方法进行创作。一般深透雕和高浮雕往往与浅浮雕结合起来运用，往往在重点突出的部分采用深透雕或高浮雕，而在次要部分、背景部分则采用浅浮雕。这样便于突出主体，获得虚实感。而单独采用高浮雕的情况甚少。如雕刻一幅松月图，松树用深透之法，镂空透气，倍显茂盛。而月亮和薄云则用浅浮之法，益显轻虚缥缈。若再用高浮之法配刻人物、动物，便顿显生动。当然

"呈祥"砚
现代 绿膘、火烙、石眼 长60厘米 宽38厘米 罗氏石艺供图
巧用绿膘石眼，以粘连、深浮雕砚雕技艺，俏色雕刻灵动飞舞的龙凤，得一片祥瑞之气。

"新生"砚
现代 黄膘、火烙、青花、边皮 长40厘米 宽15厘米 罗氏石艺供图
作者将色白如玉、莹润透明之厚层石皮精刻为蚕、茧，尤其成蚕通体透明，浑如再生，可谓神助。辅以老干翠叶以凸显，亦不失浑厚凝重。

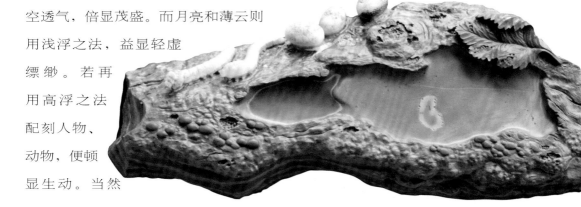

"攀枝花开"砚

现代 黄绿膘 长50厘米 宽26厘米 苏良国供图

段取树桩作砚体，精琢花枝迎春放，雕工精湛，俏色独到。

"春融"砚

现代 金黄膘、石皮 长37厘米 宽22厘米 苏良国供图

天然石皮又如画家泼墨，以黄膘精雕牧童骑牛而去，犹如北国积雪春融，尽染朝霞。

这只是举例，苴却砚的雕刻并非都按此套路，其多种技法的配合亦根据石材、构图和意境的具体情况而千变万化。

五、表现题材大胆融合中国绘画技法

苴却砚的雕刻从传统中国画中吸收了很多营养，融合中国绘画的技法，使砚雕作品更具有中国传统绘画的意味。罗氏三兄弟在借鉴传统绘画造型手法的基础上，利用苴却石的绿膘创作出的具有中国古代绘画意味的"青绿山水"和利用苴却石的黄膘创作出的"金碧山水"，颇受行家好评，对苴却砚雕刻产生了很大的影响。

苴却砚雕刻吸收传统绘画技法主要表现在如下方面：

（一）山石皴法

中国绘画中，山石的各种皴法几乎都被吸收到苴却砚的雕刻中来，如斧劈皴、折带皴、披麻皴、荷叶皴、乱柴皴等。实际操作时，以刀代笔，按中国画皴山石之笔法运刀，或立或平，或轻或重，或疾或徐，起承转合，抑扬顿挫，所刻山石，刀味盎然，趣味生动。

（二）衣纹皴法

与山石皴法类似，运用中国画人物衣纹之运笔技法来运刀。根据塑造的人物对象的性格特征、整体构图和意境以及表现服装的材质的需要，或均匀柔和，或遒劲奔放，使刀法为表现人物服务。

（三）树叶点法

中国绘画中树叶的点法种类很多。例如，小圆点、大圆点、胡椒

点、梅花点、个字点、梧桐点、大混点、小
混点、松叶点、三角点等等。

在借鉴中国画树叶点法时，
总体上有两种方法：

其一是凸点，此法在苴却砚
雕刻中运用得较多。前述山石皴
法和衣纹皴法借鉴到雕刻中来主要
是一个刀法问题（虽然不能排除对造型
和风格的借鉴），而凸点雕法则主要取其造型。具体
雕刻的技法是：取绘画之叶形，雕刻成若干凸出的叶
点。例如，小圆点就是将树叶刻成若干小圆球体，联
结于树干之上。而大混点，则可雕成扁平的椭圆形错
落层叠于树干之上。又如松叶点，就在大混点的基础
上，由椭圆形的中心点放射状地刻出松针。值得注意
的是，此乃抽象之法，不在形似，而在神似，这本是
中国画写意的特点。要求得神似，关键在于把握树叶
的疏密聚散。所以，雕刻树叶时，要首先凿出树冠的
大形，然后再在树冠上分出疏密有致、大小相间的叶
簇，最后在叶簇上再刻出不同形态的凸叶点。这样刻
出的树叶之聚散分合均服从于整个树冠的态势，树之
精神可得矣。

其二是凹点，此法不仅是造型和风格问题，亦有
刀法方面的问题，即在叶簇上凿出不同形状的
凹叶点。这些凹叶点运用不同的刀法，所得
叶点之形态便不同。例如，三角点，用刀侧
平，以刀刃之一角与石面接触，一刀即成一
个三角点；而胡椒点则用刀较立，一刀下去
略挑旋即成。

"山村晨晖"砚
现代　石皮、金黄膘、绿膘、青花　长
36厘米　宽20厘米　罗氏石艺供图
蔚蓝天幕上的一轮骄阳，将晨晖中的山
冈和村落染成金黄，一群小鸟欢叫着飞向天
空，山岩下，浓雾伴着夜色正渐渐退去……

"山月"砚
现代　石皮、绿膘、石眼　长46厘
米　宽31厘米　敬如石艺供图
此件膘眼俱全的砚料殊为难得。其以石
眼为皓月，绿膘精刻为月下山石村落，深沉
的背景使山村月夜显得更为宁静。

"独钓"砚

现代 石皮、青花、火捺、绿膘、小石眼 长45厘米 宽27厘米 罗氏石艺供图

天然石皮如坡石积雪，坡上镌刻枯树，低矮的农舍笼罩在浓浓的冬意之中，一叶扁舟孤寂的临江独钓，诗意画面跃上砚面。

"彩云人家"砚

现代 藻纹、彩纹膘 长41厘米 宽25厘米 听石轩供图

天然藻纹珍留为近坡云树，彩纹膘留为背景，一如漫天彩云翻滚，好不壮观。

一丛树中，往往杂生不同品种之树，采用不同的叶点而分别之。如小圆点用来表现树叶较小的树，如槐树之类；而大混点则可用来表现树叶较大，且横生的树，如柿树等。当然不同品种的树，其枝干的姿态亦不同，此需细致观察、揣摩才能得其要领。

（四）云水法

云和水是最为变化多端的自然景物，中国画将其抽象、条理化之后，非常适合于雕刻之表现。苴却砚雕刻，除表现较常见的朵朵云和水波纹外，还常常借鉴中国画绘画中运用均匀流畅的线条，表现云水万千变化之技法，尤其是表现那些变化多端的薄云轻雾、晨烟暮霭和山泉小溪、微波涟漪等，更显得心应手。

六、粗犷与细腻的肌理处理

粗犷与细腻主要是砚体表面的处理，以展现不同题材的艺术风格。细腻的肌理主要通过雕刻和打磨完成。而粗犷则有两种表现形式，一是保留砚石表面的自然肌理，二是通过外力或者借助工具表现。

（一）保留自然粗犷肌理

自然肌理的主要特征是粗犷。苴却石通常有层面剥离和非层面剥离两种情况。

层面剥离即沿着石体的某个层面分离，其石面呈较为规则的平面，多呈片状。石片两面均伴生有各种天然肌理和纹路，有一定的方向性而形成某种纹饰或图案等，精致而富于韵律。这种石纹本身具有较

好的肌理效果，天然造化，给人以自然纯朴的美感，具有较高的审美价值。基于此，许多制砚艺人制砚时常常根据天然石纹的这一特征因材施艺，有的利用其纹理，有的利用其色彩，略事雕琢，再配刻相应的景物，便能获得较好的艺术效果。

非层面剥离即砚石在重力作用下的断裂，其断面多呈不规则状，有凹有凸，有较大的起伏变化，也有某些细小的肌理特征或天然纹理，其错落有致，具有浑朴、自然、粗犷之美感，易于发挥。所以，很多制砚人往往在砚石上有意留出或多或少的、富有特点的断面，在必要的地方精细地雕琢一些昆虫、人物、屋宇、花草等，使之或紧密地糅合在一起，相得益彰，或使两者形成强烈的对比，寓工寓巧，表现出独特的艺术效果。如"女娲补天"砚，作者就是有意将砚石天然断层的纹路保留下来，用以表现女娲补天之用的五色石的质感，给人以原始、粗犷、真实的美感。与此同时，也与女娲光滑细腻的皮肤、柔软的头发形成鲜明的对比，从而产生丰富的变化和艺术美感。

（二）通过外力工具表现粗犷

即通过人工特殊处理，使砚石表面具有某种与天然肌理特征相似或相近的艺术效果。比如借助工具敲打、锤击等方式，以改变砚石表面的纹理和质感，使之符合或贴近所表现题材的肌理特点，从而大大丰富了砚雕的表现手法。这种方法常见的有以下几种：

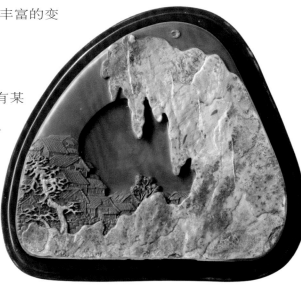

"荷蟹"砚
    现代 彩石、石皮 长60厘米 宽30厘米 苏良国供图
    石材色纹俱佳，精刻双蟹相依相偎，共享荷香池清之趣。

"桃花源"砚
    现代 石皮、绿膘、石线 长27厘米 宽23厘米 罗氏石艺供图
    与绿膘相融渗的天然石皮墨色酣畅，色纹斑斓，美雅至极。巧留、巧雕之，得神奇韵味。

"彩墨水乡"砚

现代 绿膘、火烙 长48厘米 宽24厘米 敬如石艺供图

此砚巧以绿膘作背景，以黑色精刻水乡小景，气韵清朗。砚堂中的火烙似水墨浸染，为斯砚平添了神奇韵味。

"斑斓岁月"砚

现代 石皮、金黄膘、绿膘、青花、火烙、线 长40厘米 宽25厘米 罗氏石艺供图

晚秋中的树木大多泛着金黄，有的已落光了枯叶，蔚蓝的湖水也被秋色染上了褐黄。在深色背景陪衬下，近处山岩斑驳陆离的色、纹尤其醒目。其上墨色有如画家点洒，此与堂中疏密有致的墨点相映成趣。

1.重击

即通过强烈的外力作用使石体断裂，从而形成不规则的肌理。类似刀斧在砚石表面劈砍后留下的肌理，这种情况一般适用于大料，其断面肌理大而粗犷，特征明显。但不足之处是石体受力过大，极易产生不甚明显的璺裂，以致报废砚材。

2.锤击

用较小的锤子直接敲击石面，使之产生许多被敲碎的小坑，从而产生粗糙的肌理。其优点是方便、简单易行。

3.打点

用刻刀在石面上凿出或大或小、或均匀、或不均匀的小坑，使石面产生粗糙感。

4.凸点

用刻刀在石面上刻出或大或小、或疏或密、不均匀的凸点，而使石面产生特殊的肌理效果。凸点有时不是正圆形，而采用其他形状，只要整体上统一即可。

5.钻孔

用大小不等的钻头钻出密集的小孔，可造成被虫蛀蚀的效果。

七、繁与简的处理

砚之雕刻是繁好还是简好？这是一个长期以来颇有争议的问题。有的认为雕刻的图案越是繁复，投工就越多，价值就越高。持这种观点的人认为，图案繁复精细，其中凝集的心血和汗水亦多，也

就是价值量越多，人们在观赏这类作品时，就会感到"有看头"，叹服于工艺之繁难；有的人则认为制砚应"宁简勿繁"，繁则琐碎、平庸，无重点，简则典雅、明快，主体突出。

我们认为，应该肯定"繁"不失为一个标准，因为，作为工艺品确实是要看其费时费力的程度的。但"繁"也不能绝对化，那种虽然不厌其烦，刀斧密集，然而心中无数，发众矢而百无一中者，也是白费工夫，亦毫无价值可言。"宁简勿繁"的说法亦可认同，但应理解为由于艺术家功力深厚，能用一刀的地方绝不用两刀。"简"必须与作品的格调相适应，并非凡"简"必好。将这两方面统一起来，就是我们所说的"繁简有致"：简者，简而不拙，平中见奇，刀外之意无尽，乃为上品；繁者繁得精致和谐，处处独具匠心，一般人难以做到者仍为绝品、妙品。

八、砚雕艺术表现题材

从目前所见清代、民国遗存的旧砚中，我们经常可以看到一些以龙、凤、花、鸟等为主的如"二龙戏珠"、"龙凤呈祥"、"鹿鸣金钟"、"棉豆"、"寿桃"、"鲤鱼跳龙门"等传统题材。而至今日，随着我国改革开放政策的推行和深入，各地经济文化飞速发展，文化市场日趋活跃，各种形式的文化活动内容繁多，异彩纷呈。同样，文化的繁荣在苴却砚上也有所体现。这一点在苴却砚纹饰题材的表现上尤为明显，其题材已不囿于传统的模式，不受任何限制，内容形式十分灵活。有的还反映了滇东北、川西南的某些文化特征和审美

"新竹"砚
现代　绿膘、石眼　长61厘米　宽22厘米　天工艺苑供图
深黑、粗大的竹节上，两枝新竹尤其醒目提神，堂中配刻蜘蛛，更显勃勃生机。

"金色年华"砚
现代　绿膘、彩纹黄膘、褐斑、青花等　长28厘米　宽19厘米　天一供图

"蘑菇"砚

现代　黄绿膘、火捺、绿膘、小石眼长
25厘米　宽16厘米　苏良国供图

褐黄色向粉绿色的自然过渡，令精刻的
蘑菇形象而且鲜活。黑褐色、金黄色的火捺
点缀其间，亦令画面更加生动。

"雁鸣村晓"砚

现代　藻纹石皮、绿膘、火捺　长53厘
米　宽36厘米　高4厘米　石语斋供图

拂晓，朦胧中的山村一片静谧，远山披
翠，近处的村落似乎依然沉寂在夜梦之中，
唯深邃天幕中的大雁时鸣远空，为此砚留下
了如梦如幻的意境。

趣味。

经过简单的梳理后，我们发现，除了传统
内容之外，苴却砚的纹饰题材还表现有以下
几个特点。

（一）诗意题材

此类题材又有两种：一种直接在中国
传统诗文中取材，例如"蒹葭"砚就选自
《诗经·国风·秦风》，以北方的芦荻为主要表现
内容，表现了2500年以前秦地人民的一种生活。又如
"明月"砚则取"明月松间照，清泉石上流"诗意；
"修竹"砚则取"天寒翠袖薄，日暮倚修竹"之意；
此外，"清趣"砚、"江雪"砚、"白云"砚、"长
河"砚等均表现不同的诗情画意。

另一种是在石材的形状、石眼、石品花纹中发
现诗意或创造诗意。这类诗意并不直接表现为对某一
诗句的图解，而是构图本身蕴涵着诗意，使人从作品
的造型上领略到某种诗的意境，例如"竹影摇月"、
"夜泊枫桥"、"万般秋色乘风来"、"山高水自
清"、"听雨"、"蟹趣"、"龟趣"、"蝉鸣"
等。这类题材本身就使人感受到盎然诗意。例如
"蟹趣"砚，砚形自然，砚堂砚池均为异
形，仿佛天然形成的石穴。砚额泛起
一层绿膘，似绿苔斑驳陆离，绿膘
上布满金星，聚散有致。砚堂内刻
有两只螃蟹，对应而嬉。这般从
容，真可谓"此中有真意欲辩已
忘言"。

（二）古风题材

此类砚取材于中国古代不同时期的雕塑、雕刻、绘画和工艺品上的造型和图案。有的取其装饰纹样，如青铜器、画像砖、墓室壁画、瓷器陶器、纺织品纹样、古建筑等上面的文字、图样等，展现不同时代的装饰风格，如"骑兽"砚、"乘龙"砚、"羽人"砚、"古凤纹"砚、"夔龙"砚等；有的直接以这些物品作为题材，成为构图的主体，如"古钱币"砚、"瓦当"砚、"铜镜"砚等。

例如，战国纹饰砚就是取材于著名的"宴乐渔猎攻战纹壶"上的水陆攻战纹饰，旌旗挥舞、刀剑横斜，人物刺杀摔打、奔走呼号，造型古朴生动。砚池和石眼的造型和装饰，均具战国风韵。整个构图使人感受到战国时代的艺术气息。

又如取材于古典名著中的各种人物砚，"金陵十二钗"砚、"桃园三结义"砚，乃至取自《水浒》中的"一百零八将"砚等等。

（三）画意题材

此类题材极其广泛。自然和社会的景、物均可作为刻砚的题材。但在这类题材的选择和处理上，苴却砚十分重视吸收中国传统绘画的营养，亦可像中国传统画那样细分为山水、花鸟、人物、草虫、博古等题材；格调上较充分体现了中国传统绘画的造型特点和审美内涵。较多表现古代人物、建筑和场景。这类砚有"明月松间"砚，"观

"翠影"砚

现代　玉带膘、石皮　长42厘米　宽24厘米　罗氏石艺供图

半留砚材天然肌理饰为荷叶，打磨精整的砚堂令玉带膘色彩变化瑰丽，俏色精刻的螃蟹似在翠影绿波中尽享闲适。

"浩气长存"砚

现代　绿膘、石眼　长70厘米　宽43厘米　苏良国供图

此砚膘眼俱全，砚材难得。石眼莹洁如珠宝、星辰；中层绿膘如玉带缠腰。选中国传统的二龙戏珠题材入砚，取浩气长存、壮思风飞之意。

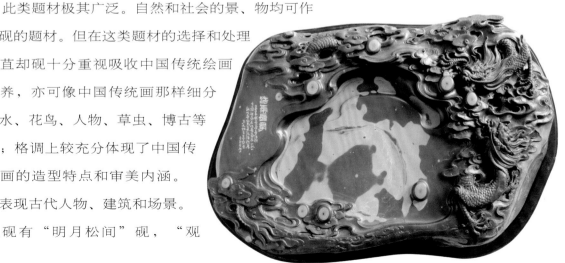

"秦汉风"砚

现代　青铜石、石线　长27厘米　宽20厘米　苏良国供图

残破的痕迹彰显着历史的积淀,古朴的纹饰传承着远古的文明。

"纳凉"砚

现代　水纹绿膘、火烙　长23厘米　宽14厘米　苏良国供图

半留石肌作莲叶,磨平绿膘化清池,精琢水牛浴其中,炎炎夏日纳凉时。

瀑"砚,"听泉"砚,"听松"砚,"月夜泛舟"砚,"四君子"砚,"梅花"砚,"葡萄"砚,"蛙"砚,"蝉"砚,"金龟子"砚,"猫"砚,"鸟"砚,"牛"砚,"花瓶"砚等等。

例如,"赤壁"砚就是选取类似中国山水画的题材。利用砚料的自然山形和下方有一石眼,以苏轼《赤壁赋》为题材,以石眼喻水中泛月,琢一小舟荡漾于水流之中。砚堂、蓄水池均制为"山"形,在左上角空处,以微刻《赤壁赋》全诗。充分体现了中国山水画的格局和情调,可称之为山水砚。

(四)历史题材

即以我国历史上的著名事件、著名人物为题材雕刻的砚。典型的如表现李白醉酒诗百篇的"太白醉酒"砚、以苏东坡夜游赤壁为题材的"游赤壁"砚、以三国枭雄曹操为题材的"观沧海"砚,以古典四大美女之一的王昭君为题材的"踏雪寻梅"砚等等。不一而足。

(五)神话题材

此类砚饰多取材于我国古代神话传说,再次表现了古代人民或用于抗争、或祈求生活和美、或表达美好愿望的一些题材。如表现了人们无法理解连续降雨的自然现象,以期补天止雨的"女娲"砚和期望消除炎炎烈日下苦难的"后羿射日"砚;再如向往美好生活的"嫦娥奔月"砚,

向往光明的"夸父逐日"砚等等；诸如"山鬼"砚，"九色鹿"砚，"宝葫芦"砚，"刘海戏蟾"砚，"庄周梦蝶"砚，"八仙过海"砚等。

（六）传统题材

前述五类题材，在中国的传统砚中也不是没有，只是一方面从数量上看相对少于那些长期积累下来的"永恒题材"，另一方面，由于这类题材较为灵活广泛，很难形成固定的式样。所以，我们这里所说的"传统题材"是狭义的，指我国砚工长期积累相传下来的一些较为固定的题材。例如，二龙抢宝，独龙戏珠，七星伴月，游龙戏水，龙凤呈样，丹凤朝阳，喜鹊梅花，莲花鲤鱼，狮子绣球，鹿鸣金钟等，以及与传统吉祥寓意相关的寿桃，棉豆，云气，葫芦，水族等等。在苴却砚的选材中，不仅没有排除这些题材，而且还给予了继承和发扬。

（七）山水题材

传统文化的传承。石砚因其材质坚固，不易损坏而得以长期保存和流传。我们看到的苴却古砚以清代、民国居多，在满足实用性的基础上，重视其观赏性，有的雕刻技艺非常精湛，具备很高的文化价值。

（八）现代题材

值得一提的是，随着社会的发展，人们审美要求也普遍发生了变化。苴却砚也有不少作品反映了苴却地区山川风物，风土人情，

"水乡晓月"砚

现代　绿膘、青花、火烙、小石眼　长62厘米　宽39厘米　罗氏石艺供图

月明星稀，东方欲晓。宁静的乡村似乎仍沉浸在深沉的夜幕之中，一叶赶早的渔舟划开了平静的湖面，缓缓流出了安详和静谧。

"雾漫金山"砚

现代　黄绿膘、绿膘、火烙、青花　长43厘米　宽25厘米　石语斋供图

皎月从山后缓缓升起，翠色的云雾笼罩着秋山，弥漫着水乡，营造着如梦似幻的人间仙境。

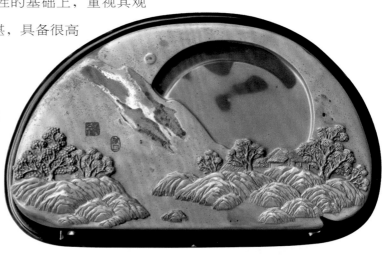

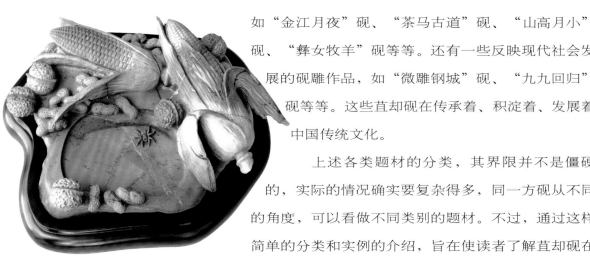

"华而实"砚

现代 青铜石、石线 长35厘米 宽24
厘米 苏良国供图

石材于褐绿中显褐黄、金黄色，精刻农
家常见的玉米、核桃、花生，其形色几可乱
真，视觉效果极佳。

如"金江月夜"砚、"茶马古道"砚、"山高月小"
砚、"彝女牧羊"砚等等。还有一些反映现代社会发
展的砚雕作品，如"微雕钢城"砚、"九九回归"
砚等等。这些苴却砚在传承着、积淀着、发展着
中国传统文化。

上述各类题材的分类，其界限并不是僵硬
的，实际的情况确实要复杂得多，同一方砚从不同
的角度，可以看做不同类别的题材。不过，通过这样
简单的分类和实例的介绍，旨在使读者了解苴却砚在
取材方面的一些特点。这里，我们再根据前面所述，
简单归纳一下：

其一，苴却砚的题材较广泛、多样。

其二，苴却砚的题材比较注重"文气"，典雅。

其三，苴却砚的题材十分讲求"因材选题"，即
讲求题材与砚料的天然状况相适应、配合，从而充分
发掘石材天生的审美价值。

特别需要说明的是，苴却砚中的山水砚是十分具
有地方特色的题材。其取材于我国名山大川，以传统
绘画为基础，融绘画技法于其中，具有鲜明的特色。
既继承了民间雕刻的细腻夸张的特点，又讲求主次关
系、虚实效果，深得中国传统文化之神韵，熔中国
诗、书、画、印于一炉，形成了新的一派风格，体现
了较高的工艺价值。

"抢亲"砚

现代 绿膘、石眼 长48厘米 宽31厘
米 敬如石艺供图

喜悦像花儿在小伙子脸上绽放，翻飞的
小鸟和欢悦的小狗似乎也沉浸其中。要知道
背着的是幸福，是希望。

第七章

苴却砚砚雕艺术风格及流派

一、以画入砚的"罗氏兄弟"砚雕艺术

"罗氏兄弟"是指罗春明、罗润先、罗伟先兄弟三人。三人均系攀枝花已故石雕艺术家罗敬如先生的儿子。因三人开发苴却砚历史较早，且兄弟三人常以集体形象出现在各种展示展览会议，并以"罗氏兄弟砚艺"为砚作品牌开拓市场，并取得骄人成绩。于是，遂成砚界惯用名称。

其中长子罗春明，1952年生，1985年开始创作苴却砚，系最早的苴却砚开发者、技术骨干之一。曾被攀枝花苴却砚厂、大龙潭苴却砚厂聘为工艺美术师和技术顾问。大学本科学历，中文系副教授，联合国教科文组织和中国民间文艺家协会曾授予其"一级民间工艺美术家"称号。现为四川省工艺美术协会副会长、攀枝花市苴却石行业协会副会长、攀枝花罗氏兄弟石艺研究所所长。发表艺术方面论文数十篇。是《中国文房四宝》杂志特邀作者。

次子罗润先，1956年生。自幼随父学艺，在石雕技艺、绘画、书法、篆刻等方面有深厚基础，大学本科学历，哲学系副教授，联合国教科文组织、中国民间文艺家协会授其"民间工艺美术家"称号。四川省工艺美术大师。现任攀枝花市罗氏兄弟石艺研究所副所长。长期致力于新品苴却砚研制、开发和苴却砚雕刻技艺的研究、保护和推广工

"宝藏"砚

现代　青铜石、石皮、石眼　长160厘米　宽110厘米　高52厘米　"罗氏兄弟砚艺"供图

此砚重达三吨，雕刻了青铜编钟、鼎、樽、剑、爵、铜镜、觚等大型青铜器20余件，雕刻各式古钱币500余枚，内容繁复，雕刻精良，制作工程浩大，应是苴却砚中一件难得的艺术品。

作，1992年与兄弟撰写了《中国苴却砚》一书，开了苴却砚学研究之先河。多年来在各级报纸杂志发表石雕作品，篆刻作品数十件，发表砚学研究文章数十篇。

三子罗伟先，1958年生。1985年调入攀枝花市光华实业公司，筹建"攀枝花市苴却砚厂"，担任该厂技术厂长、总工艺美术师，主要负责苴却砚系列产品的开发和研制、工艺设计、制作等工作。其作品多次参加国内外大展，并多次获奖。是中国第一家苴却砚厂技术厂长，四川省工艺美术大师，中国制砚艺术大师。现任攀枝花市罗氏兄弟石艺研究所副所长。

"罗氏兄弟"三人自幼随父学艺，在诗、书、画、印方面均有较深功力。在继承家父石雕、砚雕艺术风格的基础上，三兄弟携苴却砚不断创新、发展、发扬光大，而形成了以画入砚、以山水入砚为主要特色的"罗氏兄弟"砚雕艺术风格。其作品融中国传统绘画之山石皴法、草叶点法、人物勾勒法以及书法、诗文之意境，吸收现代雕刻、雕塑的造型手法和技巧，讲究因材施艺，每件作品必须根据石料的颜色、纹理、形态精心设计，巧妙构思。从选材、构图、造型到技法的运用，均与石料之天然形态紧密结合，绝不破坏原石的完美和谐。其表现手法精雕细刻，使砚作充满诗情画意，文气十足，尽显中国传统艺术之韵味。

"秋韵"砚

现代　石皮、金黄膘、绿膘、小石眼长46厘米　宽35厘米　"罗氏兄弟砚艺"供图

金秋十月，秋色悉将远山、坡石、树木、茅舍染成了金黄。作者以浮雕的形式雕就了山峦树木，使其在紫黑色的砚体上犹如剪影，尽显远乡的宁静和悠闲。

"和谐"砚

现代　绿膘、青花、彩纹膘　长30厘米　宽29厘米　"罗氏兄弟砚艺"供图

作者以彩纹膘俏色雕为荷花荷叶，以青色石层巧琢小蟹，使此荷塘小景显得格外宁静、安详和谐。

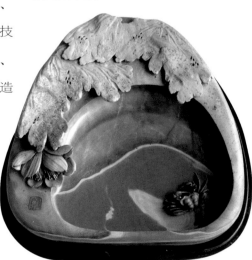

"牧月"砚

现代　藻纹石皮、金黄膘　长33厘米　宽20厘米　"罗氏兄弟砚艺"供图

弯月尚未隐身，山村依然朦胧，清晨的阳光已将山头染为金黄，宁静中牧童早已骑着青牛走出了山村，为山村迎来第一缕曙光。

"高山流水"砚

现代　藻纹石皮、金黄膘　长42厘米　宽39厘米　杨军供图

此砚以"徽派"技法表现。取传统古琴曲"高山流水"为题，表现了俞伯牙和钟子期两人因琴而结识成为知音的故事。

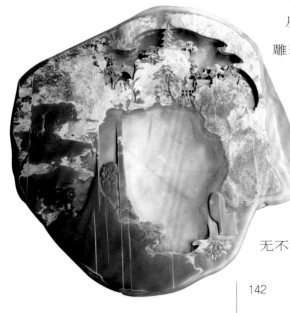

二、"徽派"砚雕艺术的影响

"徽派"砚雕艺术是以安徽歙县为主的砚雕艺术的统称，其雕刻技法和艺术风格经过千百年的锤炼，已经非常成熟。具体表现为以江西婺源龙尾石为砚材，以传统规矩砚砚式或以浅浮雕、线刻等表现形式的随形砚为主，砚作十分讲究线条的运用，刻线如行云流水，一丝不苟，富于韵律感。风格清新隽永，自成一派。

"徽派"砚雕艺术对苴却砚的发展和壮大也产生了重要影响。在上世纪末，随着苴却砚的再次面世，一些歙砚雕刻艺术家不远千里，来到了攀枝花市，以雕琢苴却砚为主业，相继在攀枝花市"安居乐业"，带徒授艺，并形成了"徽派"苴却砚砚雕艺术的又一特色。其代表人物主要有方晓、张硕、张健、张臣虎、张宏、张海峰、俞飞鹏等，他们把歙砚的艺术风格、雕刻技艺带进攀枝花，并在攀枝花推广、发扬起来。由于他们的到来，给苴却砚雕刻艺术注入了新鲜血液，对苴却砚雕刻技艺产生了重要的影响，促进了苴却砚事业的发展。

从目前来看，徽派苴却砚砚作仍以传统徽派砚雕表现技法为主，总体上体现为以浮雕浅刻为主，以薄雕方式巧用绿膘、黄膘，雕琢手法细腻，层次分明，一般不采用立体的镂空雕的艺术风格。砚作熔中国传统的诗、书、画、印于一炉，在砚池的开挖上十分讲究与构图相互呼应，因而显得十分协调，所雕殿阁、人物、瓜果、鱼龙等，无不神态入微，其作品富于传统文化气息。

三、其他砚雕名家

1.任秉惠

笔名老秉。1952年生，四川南充人，自幼受家庭影响，热爱书画、篆刻。北京钢铁学院毕业，曾供职于攀枝花钢铁公司。退休后从事苴却砚文化产业的推广，构思和推动"苴却砚文化城"的建设，曾启动"千砚工程"，成立"苴却砚博物馆"，编辑出版《中国苴却砚》杂志，组织系列苴却石非砚产品的开发，协助政府和有关部门推动苴却砚文化产业的大发展。为推动苴却砚的发展做了不少工作。

2.任述斌

1967年生，艺名仁诚，自幼酷爱民间雕刻绘画艺术。幼学石雕，刻飞禽走兽、人物花卉。1991年进入攀枝花开始创作苴却砚。其制砚师古而不泥，众采百家，虚心向端歙等名砚大师学习，把传统和现代文化艺术相结合，讲究因材施艺，巧用石品，作品风格古朴高雅，清新自然，如诗如画。不少作品远销日本、台湾、香港、新加坡等国家和地区。1995年10月被联合国教科文组织授予"中国民间工艺美术家"称号。

作品曾选送日本天皇和韩国总统。1994年，其"观音"砚和"奔月"砚获"第五届亚洲及太平洋国际博览会"金奖。

3.曹加勇

1973年生，

"八面威风"砚

现代 复合金黄膘 长124厘米 宽101厘米 高20厘米 任述斌供图

作品以砚石金黄色石膘表现了茂密丛林中八只猛虎。画面中，八只猛虎形态各异，威风凛凛。

"养怡"砚

现代　杨军供图

此砚以"徽派"技法表现了数只小龟在池塘中嬉戏的场景，小龟形象逼真，雕琢细腻，颇有生趣。

四川省莒却砚乡大龙潭人，自幼酷爱书画艺术。

1994年入龙潭莒却砚厂学习砚雕，2005年被授予"四川省工艺美术大师"荣誉称号。砚雕作品多次荣获国家级大奖。现为中国工艺美术协会高级会员，四川省工艺美术协会常务理事，四川省工艺美术大师，龙潭莒却石雕行业协会副会长。

4．杨军

1974年生，四川省乐至县人，字石梦。四川省工艺美术大师。1992年步入艺坛，潜心立志，耘耕石田，擅长砚的创意设计，巧形俏色，追求人工与自然和谐统一。娴熟的刀工技法，融会了书法之笔墨情趣，其作品工精艺绝，作品"国魂"砚被原国家领导人收藏；"松鹤长青"砚、"硕果"砚、"二龙戏珠"砚被选为国礼赠送给日本和韩国领导人。

5．程学勇

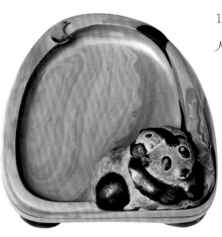

"国宝"砚

现代　绿膘、石眼　长19厘米　宽19厘米　程学勇供图

作品以砚石独特的绿膘为底，以褐黑色的石体精雕了一对熊猫母子。熊猫造型写实，雕琢细腻，惹人怜爱。

1974年生，四川乐山人。艺名乐石。四川省工艺美术大师，联合国教科文组织授予其"民间工艺美术家"称号。作品工精艺绝，巧形俏色，达

到了人工雕琢与自然成趣的和谐统一，被各界知名
人士及国家领导人收藏。

6.宋建明

艺名乐山，1993年步入艺坛，砚作曾
参展中国第五届艺术节、中国旅游商品交
易会、2010年上海世博会、第二十七届
全国文房四宝艺博会、昆交会和上海博览
会，并多次获奖。2011年，砚作在第三届苴
却砚文化艺术节作品大赛中荣获金奖。

四川省高级民间艺术家、四川省工艺美术大
师、优秀中华文艺家、中国苴却砚专委会理事、攀枝
花石文化协会会员。矢志砚艺，坚信艺无止境，不断
创新，为弘扬民族文化而不懈努力！以更好的作品回
报社会。

7.张建

1968年10月生，号无耶山人，安徽歙县人。
1986年在安徽省歙砚研究所开始学做砚台，1988年在
安徽四宝研究所开始歙砚创作，1994年起应聘到攀枝
花市大雅堂中国苴却砚研究所从事苴却砚的创作。四
川省工艺美术大师，擅长砚的创意设计，惯于审石，
绝不轻易奏刀。他认为，每块自然的砚石都是孤品，
都只有一个最佳的设计方案，所以，只有读懂之后才
能爆发出创作的灵感。还认为，创意是砚的灵魂，应
因材施艺而不可用固定的模式和风格强加于砚石，主
张半留本色，少雕为佳，雕似未雕，不雕胜雕，人石
合一的创作思路，以期一砚一式，自然天成。

其创作的作品用刀细腻之中蕴粗犷，苍劲雄
健。作品圆润不失雄壮，飘逸不失浑厚，气韵生动。

"汉韵"砚

现代 藻纹石皮、金黄膘 长40厘
米 宽32厘米 高7厘米 宋建明供图

此砚以汉代竹简及书法为主要题材，表
现了汉代书法艺术。作品巧借砚石独特石色
和膘皮，构思精巧，可谓匠心独运。

"智慧圣鸟"砚

现代 石眼、石皮 邓汉成供图

取材于苴却石中的天然石形，充分利用
石眼的绝妙，来刻画猫头鹰眼睛的神韵，并
与整个石形融合成一只完整的猫头鹰。此砚
的构思巧妙之处在于其眼的魅力，其自然形
态的巧中结合。

"对酒当歌"砚

现代　藻纹石皮、金黄膘　张洪海供图

此砚以"徽派"技法表现。表现了诗人感叹人生、对酒当歌的场景。

"梦蝶"砚

现代　绿膘、石皮　邓汉成供图

此砚人物神态好似进入梦境，随苴却石绿膘的绿萝玉，一丝丝地缠绕出了一幅似梦似幻的蝶影图来。

8.张洪海

1976年生，四川省攀枝花市仁和区大龙潭乡人，1995年开始学习苴却砚雕刻。制砚因材施艺，善巧形俏色，注重砚的创意，追求石品特色与砚的思想品位浑然天成的境界，作品具有独特的个性，是本土具有一定代表性的草根艺人。

现任四川省工艺美术大师，中国工艺美术协会会员，四川省工艺美术协会理事，攀枝花市苴却石行业协会理事。

9.邓汉成

1964年生，四川省乐至县人。艺名耕石。四川省工艺美术大师，四川省工艺美术行业协会理事。其作品因材施艺，工写结合，构图和谐新颖，不拘于传统，力求简中意长，用石巧妙并与自然之美融合，风格独具，从而使研墨的工具升华为最具收藏魅力的艺术品。作品风格清醇灵秀，意味古雅，曾多次参展并获奖。有多篇论文发表于各大报纸杂志。有多方作品收录于《苴却砚的鉴别和欣赏》、《砚谈》、《四川工艺美术》等专业书籍。

10.刘开君

1963年生，四川省广安人。四川省工艺美术大师，中国工艺美术协会高级会员，四川省工艺美术协会常务理事。从事苴却砚的雕刻与研究多年。作品讲求因材施艺，雕刻精致，多以深雕细琢、镂空透雕、因材俏色、题材多样见长。其作品创意新雅，线条流畅，形态自然，曾多次在大型展赛中获奖，并被海内外著名人士收藏。

第八章 ○ 精品赏析

"三友"砚

石　品　　绿膘、小石眼

尺　寸　　50cm×30cm

松、竹、梅"岁寒三友"，向以凌霜傲雪气节高洁而受历代文人所重。是砚以绿膘俏色精刻三友，谦谦中蕴有傲气，秀美中透析着刚毅，稀疏的小石眼又化为月明星稀的夜空，更使三友彰显高洁气质。

"松树蘑菇"砚

石　品　　石皮、绿膘、青花、火烙

尺　寸　　36cm×27cm

林中顽石上跳上来一只机灵的松鼠，惊喜而好奇地注视着林地上那一群大大小小的蘑菇。它记得几天前来这里玩耍时并没有发现这些奇怪的小伞。

"山珍"砚

    石 品 苴却青铜石

    尺 寸 23cm×28cm×3.6cm

    作者利用砚石中的天然石膘巧雕成砚，表现了乡野间雨后簇生的蘑菇。画面中，蘑菇大小各异，似乎在尽情地展示自己，犹如一个个童子，天真烂漫，生机盎然。

"秋染湖畔"砚

    石 品 绿膘、石皮、褐红膘、青花等

    尺 寸 58cm×26cm

    石皮巧留。绿膘精刻湖畔山岩林木，其上褐红膘巧用，如秋染湖畔，于翠绿中凸显得秋色尤其醒人眼球。

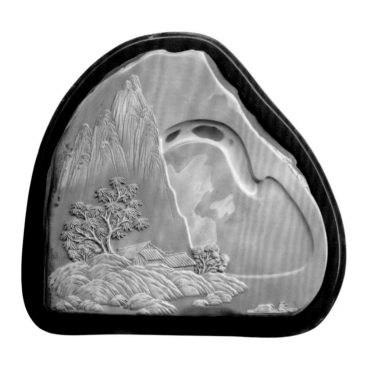

"浩然天地秋"砚

　　石　品　绿膘、青花、金黄膘
　　尺　寸　35cm×27cm

　　又见秋容。浓郁的秋色将天地、山水染成一片灿然金色。
　　多层绿膘巧用，成就其翠色山水；金黄膘在绿膘中自如晕渗，如云似雾弥漫山水天地间；青花成了绝妙的点缀，好一幅生动精致的金秋图景。

"秋山皓月"砚

　　石　品　石皮、绿黄膘、褐黄膘、青花、火烙等
　　尺　寸　53cm×27cm

　　砚堂为圆形，喻秋山皓月，彩膘、石皮巧用，得层次清晰、色调丰富的秋山图景。因为设计独到，俏色巧妙，雕工精致，画面上的天然色调有如画家的刻意渲染，是为珍贵。

"彝寨秋色"砚

　　石 品　绿膘、火烙
　　尺 寸　40cm×26cm

　　绿膘中融渗的大片褐黄色的火烙纹，令绿膘石层刻就的山寨彝村色调丰富，变幻奇妙，一如秋色浸染，富丽灿烂。堂中巧留膘层，亦如彩云映池，又得一番情趣。

"东山月"砚

　　石 品　绿膘、石眼
　　尺 寸　41cm×25cm

　　偶现的石眼如皓月探出东山，将银晖散满天地之间，静谧的山野如披薄纱。谁知如此美景端赖天赐"点睛"之笔。

"初冬印象"砚

　　石 品　石皮、绿膘、青花、小石眼
　　尺 寸　37cm×24cm

　　天然石皮巧用如坡石积雪，顺刻冬林、蜗居，得奇妙冬景。背景天幕上惊现天然石眼，正好珍留为瑶月，此为斯砚增添了神来一笔。

"醉秋"砚

　　石　品　　绿膘、褐红膘、褐黄膘、银线
　　尺　寸　　51cm×33cm

　　月出苍山，银光遍洒峻岭山村。醒人眼球的是翠绿的山岩、林木、村舍上那或浓或淡、或浅或深、或密或疏、或多或少的褐红、褐黄的色调，这是金秋大手笔，染黄了坡岭，陶醉了山乡。

"彝寨月夜"砚

　　石　品　　藻纹石皮、金黄膘、火烙
　　尺　寸　　51cm×38cm

　　又是金秋时节，秋月升到远山峰顶，远山、近村如同被秋色晕染过一般，村前林木笼罩在朦胧的月色中。藻纹石皮之巧用，金黄膘之精雕，火烙纹之晕渗，成就了秋月朦胧的景象。

"松下对弈"砚

　　石　品　　绿膘、火烙纹、石眼
　　尺　寸　　56cm×34cm

　　石材膘眼俱全、俱优，实为难得。作者通过设计，既凸显石品的天然丽质，又得高雅气韵。
　　斯砚之珍正在于设计之巧和雕刻之精。

"翠湖秋波"砚

石 品 石皮、藻纹、黄绿膘、绿膘、青花、火烙

尺 寸 19cm×25cm

石材色层及石品花纹极丰富。双层石皮，上层色黄白，依形顺刻成近岩，黄绿膘精刻秋山山景，中层亦见天然石皮，其上藻纹密布，如刻意虚化之背景山林。砚堂巧留黄绿膘，如一堂翠色湖水。堂中金色火烙纹如水波荡漾。

整个砚面"青花"遍布，点染着深秋的殷实含蓄。

"平湖霞影"砚

石 品 绿膘、青花、火烙、石眼等

尺 寸 53cm×22cm

彩霞在平静的湖水里"定格"，皎洁的月光将湖畔村舍、坡岩染成翠色。远山隐现于夜幕之中，峰顶的积雪在月光下泛着银光。清风轻拂着水乡恬静的梦。

"彩云人家"砚
石 品　藻纹、彩纹膘
尺 寸　41cm×25cm

　　天然藻纹化作树荫，漫天彩纹膘一如彩云翻滚，好不壮观。

"初雪"砚
石 品　石皮、黄绿膘、青花、火烙
尺 寸　37cm×37cm

　　似乎还是秋天，忽然间便飘飘洒洒地下起雪来，清晨醒来推门一看，坡石上居然有了薄薄的积雪。哦，冬天悄然而至了。

"远香"砚

> 石 品 绿膘、金黄膘、青花等
> 尺 寸 26cm×20cm

金黄膘石层精雕的一树梅花，被深黑背景衬托得格外灿然醒目，梅花枝干、花朵上巧留的部分绿膘有如画家的点染。观斯砚，感觉有一股带梅香的清凉空气迎面拂来，爽极。

"椰风"砚

> 石 品 绿膘
> 尺 寸 47cm×30cm

绿膘纯净无瑕，刻为海南风情。但见皓月当空，茫茫大海上有帆船乘风而去，海边有高大婀娜的棕榈树和错落有致的傣家茅屋，心情顿时爽朗开阔许多。

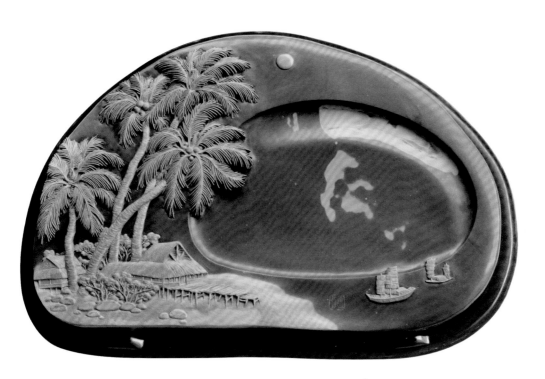

"青铜古韵"砚

　　石　品　　青铜石、石线

　　尺　寸　　42cm×27cm

　　倾倒的铜鼎，散落的古币，作者以天然石色巧用、巧雕我国历史上的青铜诸宝，使人强烈地感受到了历史的厚重感和曾经强盛的中国古代文明。

"古韵"砚

　　石　品　　青铜石、青花、石线

　　尺　寸　　25cm×12.5cm×4.5cm

　　巧用苴却石中的黄绿膘，刻画出古韵十足的青铜纹饰和古币的历史沧桑、锈蚀斑驳感，把人们带入了青铜文化的历史长河之中。

"彩云追月"砚

　　石　品　黄绿膘、火烙

　　尺　寸　48cm×30cm

　　石材绿膘中因为黄膘的自如晕渗，令精刻的山村小景更多了层次感和自然的透视效果；远山峰顶巧留绿膘，一如月光辉映的皑皑积雪；堂中巧留的绿色更如天边涌动的彩云。

"高天祥云"砚

　　石　品　绿膘、胭脂晕、小石眼

　　尺　寸　25cm×17cm

　　胭脂晕隐入青绿山水间，使画面层次更为丰富，砚额云雾缭绕，一团祥瑞。

"海上仙境"砚

　　石　品　金黄膘、黄绿膘、青花、小石眼

　　尺　寸　25cm×17cm

　　山体金黄，配以黄绿相间的树木和杂草及小屋，幻影幻真，犹如海市蜃楼。

"初月"砚

　　石　品　　金黄膘、黄绿膘
　　尺　寸　　47cm×30cm

　　作者以石材金黄膘及绿膘顺势精刻湖畔山岩、林木、民居、小船。良好的透视效果使画面更为悠远，丰富的色泽如同刻意渲染。砚额绿膘如山月初上，意境深邃。

"一弯新月丽秋乡"砚

　　石　品　　绿膘、金黄膘、青花等
　　尺　寸　　32cm×16cm

　　在薄层绿膘和深色背景陪衬下，巧以金黄膘精刻的湖畔山岩、村舍，尤其灿然醒目。一弯新月娟娟跃出湖面，挥洒着如银的清凉。

"翠岭农家"砚

　　石　品　　石皮、绿膘、青花、火烙等
　　尺　寸　　60cm×34cm

　　巧以石材大片翠绿色层刻就山岭、林木和层层梯田，绿膘中混合的嫩白色石皮、褐黄色火烙、蓝黑色青花及难得的小石眼，成为这幅农家图景上的精彩点缀。

"皓月丽空"砚

石　品　黄绿膘、绿膘、火烙、石眼

尺　寸　45cm×29cm

　　石材膘眼俱全，且绿膘色纹丰富，石眼形大质纯，极难得，珍留为丽空皓月。膘层精刻山村小景，绿膘中融渗的火烙色纹变化之诡异，令观者唏嘘。

"故乡明月"砚

石　品　石眼、绿膘

尺　寸　44cm×28cm

　　圆润的石眼犹如家乡夜空中的明月一般，纯净明亮，远山、近树、山坡上悉数银装，勾起对家乡的深深的思念。

"岁月如歌"砚

石　品　金红膘、绿膘、青花

尺　寸　39cm×22cm

　　初秋之时，近处山坡已被金秋点染，远处的却依然洋溢着春夏般的俨绿，不禁令人感叹人生苦短，岁月如歌。

"清心"砚
　　石　品　　绿膘、金黄膘、石皮
　　尺　寸　　41cm×25cm

　　作者巧将天然石皮装点成苍老的梅干，以薄层绿膘与金黄膘俏色精雕簇簇梅花，使得苍劲古朴的梅树花团锦簇。画面繁茂，热烈而鲜活，气氛喜人。

"祥和"砚
　　石　品　　石眼、石皮、线
　　尺　寸　　18cm×29cm

　　作者巧取两块自然剥离的砚材精雕成砚。
　　其砚盖巧留天然肌理，精琢祥云缥缈，中央精刻唐人韩愈之《龙说》诗文，至精至妙。砚面内亦取天然肌理，刻金蟾、宝盒、祥云，云雾间构成砚缘及墨池，与石材天然肌理浑然一体，突显石材天生丽质。

后 记

　　苴却砚，作为一个既古老又新鲜的砚种，是幸也是不幸的。说不幸，是因为与其他名砚相比，千年断断续续的开发，一直声名不显，真正能与众识家见面的时候，已经过了砚的黄金时期，名砚成名已久，而用者识家也难复历史旧观；说幸，是因为长期约束苴却砚发展的因素一去不再，经济的发展，文化建设的重视，人们传承中华文化的意愿，给了苴却砚良好的发展契机。

　　新品苴却砚从开发至今三十余年，倾注了三四代人的心血，罗老先生苦寻矿源，与众弟子开发苴却砚的身影还不曾远去，更多的有识之士已经加入了这个蓬勃向上的队伍，现今的苴却砚行业已有百家争鸣之势，各种风格、层次、类别的产品已经形成完整的产业链。苴却砚被评为中华十大名砚、中国苴却砚之乡授牌、苴却砚走进世博、国家地理标志产品的确认……在业界同人们不懈的努力下，伴随着苴却砚频获殊荣，苴却砚的绝色姿容正为世人所瞩目，这一久藏深山的绝世珍宝，已然初现他不可抵挡的魅力。

　　制砚，是一个传承性很强的产业，新品苴却砚的历史虽然不算久远，但已形成以罗氏砚艺和歙砚风格为特色的两大流派，各展所长，借苴却砚神奇的石品为载体，展现各自独特的艺术魅力。如今的苴却砚，恰如一个朝气蓬勃的青年，正以他炽烈的光和热，深深地感染着每一个接触他的人。

　　编者接触苴却砚时间并不算长，几年前初见苴却砚，即为他丰富的表现力所倾倒，临砚一观，便久久不忍释手，如今接触日深，每每赏砚，常有惊艳之感，越感其中无穷韵味。本次有幸编订苴却砚书稿，实属诚惶诚恐，本身水平有限，于苴却砚来说，那是真正的小学生，学尚不及，何敢妄言其他。幸得攀枝花市苴却石行业协会、攀枝花市区各级文化部门的大力支持，更得罗氏兄弟等一众苴却砚名师指导，算是汇众家之所学，做了一个文书工作。

　　本书编订过程中，借鉴参考了许多砚界及苴却砚同人的金玉之作，书中录入了许多苴却砚名师作品，由于所涉较多，无法一一列举，在此一并表示感谢。

编者　　2012年6月9日